Light
Detection
And
Ranging

移动LiDAR点云室内三维结构化重建方法及其应用研究

崔扬 著

图书在版编目(CIP)数据

移动 LiDAR 点云室内三维结构化重建方法及其应用研究/崔扬著.—武汉：武汉大学出版社,2022.5
ISBN 978-7-307-22986-0

Ⅰ.移… Ⅱ.崔… Ⅲ.激光雷达—应用—室内装饰设计—计算机辅助设计—研究 Ⅳ.TU238.2-39

中国版本图书馆 CIP 数据核字(2022)第 047980 号

责任编辑:鲍 玲　　责任校对:汪欣怡　　版式设计:马 佳

出版发行：**武汉大学出版社**　(430072 武昌 珞珈山)
(电子邮箱：cbs22@whu.edu.cn 网址：www.wdp.com.cn)
印刷:武汉图物印刷有限公司
开本:720×1000 1/16 印张:9 字数:179 千字 插页:1
版次:2022 年 5 月第 1 版 2022 年 5 月第 1 次印刷
ISBN 978-7-307-22986-0 定价:39.00 元

前　　言

随着 3D SLAM 技术的发展，室内移动 LiDAR 测量系统集成了 IMU、激光扫描仪、数码相机等仪器设备，在无 GNSS 室内场景的三维空间信息快速获取方面取得了重大突破，为室内空间数据获取提供了全新的技术手段。由于移动 LiDAR 测量系统具有全天候采集、无区域限制、获取速度快、数据精度高、数据密度大等特点，其在大范围室内场景的三维信息采集方面具有显著优势，从而使得大范围室内场景自动化快速重建成为可能，有望广泛服务于城市室内管理与规划、室内灾害防治与应急、室内位置服务、环境模拟等应用。

本书以移动 LiDAR 点云室内自动化模型重建及其应用研究为核心，对室内单房屋分割、结构化模型重建，以及基于重建的室内模型进行 5G 信号仿真和小基站优化选址等多个环节的理论及技术进行了阐述。第 1 章主要介绍国内外关于建筑物模型标准、室内要素提取、室内三维模型重建及相关应用的研究现状，并进行了分析和总结。第 2 章对移动激光点云重建室内三维模型研究进行综述。首先阐述了移动 LiDAR 测量系统及数据特点，然后介绍了顾及室内场景结构关系的室内基本要素提取、基于规则面要素的室内模型重建基本方法。最后，利用三组 ISPRS 测试数据来验证算法的性能。第 3 章提出融合语义约束和多标记图割的单房屋分割方法；选取多个室内场景的点云数据验证算法的性能，并对分割结果进行精度评价。第 4 章提出基于图优化理论的室内场景结构化重建方法；选取多个室内场景的点云数据验证算法的性能，并对建模结果进行精度评价。第 5 章基于重建的室内结构化模型进行 5G 信号仿真和室内小基站优化选址，以验证结构化模型的实用性。第 6 章是结论与展望。

本书既包含理论，又兼顾实例，在理论与实践方面都比较均衡。理论部分包含了基于激光点云的单房屋分割和结构化模型重建的理论推导及最新理论的发展动向，同时还包含室内结构化模型的应用研究，可作为激光点云数据处理相关领域从业人员参考用书。

本书的出版得到了北京市测绘设计研究院领导和同事们的大力支持，在此深表谢意！同时，本书的研究成果受以下项目资助：北京市自然科学基金（项目编号：4214069）、城市空间信息工程北京市重点实验室经费资助项目（课题编号：20220106）、国家自然科学基金（中欧合作项目）（71961137003）、北京建筑大学市属高校基本科研业务费项目(项目编号：X21022)。

由于作者水平和时间的限制，书中尚有不足，甚至错误，衷心希望得到各位专家、读者的批评指正。

作者

2022年1月

目　录

第1章　概　　述

1.1　背景与意义

随着现代通信和计算机技术的快速发展，人类生活的城市逐渐由数字城市发展为智慧城市，实现智慧城市的前提是利用空间数字信息表达现实的世界，使得城市空间结构更为数字化和透明化，便于服务社会应用需求[1]。其中，准确、细节、结构化的建筑物模型是构建智慧城市的重要组成部分。目前，人类80%以上的活动时间在室内，办公业务、商业活动、学习生活等在室内的比例更高。因此，室内环境的数据空间信息的需求也逐渐增加。传统的二维平面地图是室内空间分析的主要来源，然而，它们是对地理空间目标的平面抽象化表达，其对室内环境表达不够直观，缺乏空间结构关系，很难进行室内三维空间服务，如室内导航[2-3]、应急服务[4-5]、建筑设计[6]、虚拟现实[7]、能源消耗估算[8]、信号模拟等[9]智慧城市需求。因此，室内三维空间数据的获取和重建高精度的室内三维模型越来越受到人们的关注。目前有很多建模手段，最传统的是通过商业软件如 CAD、Revit and 3DReshaper、SketchUp、3DMax 手工重建精细的模型。通常以平面图为数据源(平面图图像、矢量图)，通过专业制图人员对平面图中的要素进行识别并矢量化，该建模过程需要大量的人工处理，人工成本高且效率较低，难以满足大规模的室内制图与建模需求。随着自动化技术的发展，逐渐发展为对平面图像进行自动解析，提取室内要素的几何与语义信息，提高以平面图像为数据源的室内制图与建模效率的方法。然而，该建模方法严重依赖室内场景的平面图，并不具有真实的三维信息，无法进行空间分析、计算量测，同时限制了空间规划管理、空间位置服务、能源消耗仿真等应用对三维空间模型的需求。近十几年，随着激光扫描技术的发展，三维激光扫描仪可以快速获取地物表面高密度、高精度的三维坐标和属性信息，不受光线影响[10]，是实现实景三维、实体三维最有效的空间数据获取手段。因此，很多学者研究多种类型的激光扫描设备和光学成像仪以获取室内三维空间数据，室内三维建模按照数据源可以分为 RGBD 深度传感器、地面站激光扫描仪、移动激光扫描仪(手持、背包、推车等)，如图 1.1 所示。对于 RGBD 图像，一般采用照相机和深度传感器获取目标，其价格低廉、轻巧、便捷，常被用于三维视觉应用，例如三维虚拟现实、.机器人避障；然而 RGBD 图像失真，误差较大，被限制于小范围的数据采集和应用[11]。对于地面站扫描仪，主要采用扫描镜及伺服马达高速度、高密度、高精度地采集三维几何信息[10]。然而，地面站激光扫描点云配准较为费时，完整的三维点云测图效率较低；同时仪器费用较高，不适用于大场景的数据采集。目前，随着 3D SLAM 技术的发展，室内移动 LiDAR 测量系统集成了 IMU、激光扫描仪、数码相机等仪器设备，可以连续获得高密度、高精度的三维激光点云，减小因遮挡造成的影响。移动 LiDAR 测量硬件技术向消费级、轻巧型的趋势发展，已有多种移动激光扫描设备被研制，例如，手持扫描仪(如 Zeb-Revo)、推车扫描仪(如 NavVis Trolley)，背包扫描仪(如 Leica Pegasus)等。

(a)地面站 LiDAR 系统

(b)手持 LiDAR 系统

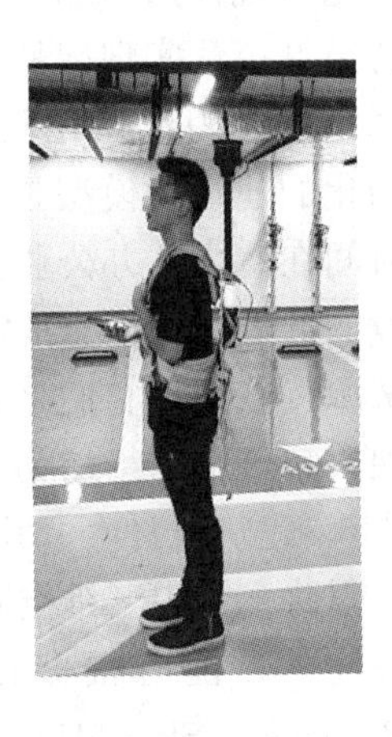

(c)背包 LiDAR 系统

(d)推车 LiDAR 系统

(e)Kinect 摄影机

图 1.1　不同平台的 LiDAR 系统

因此，易携带、低成本的移动激光扫描设备被广泛应用于室内大场景的数据采集[12]。由于室内环境复杂、形态各异，采集数据时会受到多种因素的影响，如移动对象、多次反射等，导致获得点云具有偏离较大、噪声较大、密度分布不均匀的特点，给室内模型自动化重建带来了极大的挑战。

室内三维模型是实现室内位置服务的核心，建筑物模型标准亦是建模的基础。目前，有很多建筑物模型标准已被完善，其中工业基础类(IFC)定义的建筑信息模型(BIM)被建筑综合施工规划和管理视为通用的、数字化数据基础。BIM是一个广泛的几何和抽象的实体，其具有空间关系[13]；不同于无序的点云、无序的面片、单一边界网格表达的建筑物的几何形式。室内BIM模型是具有墙、天花板、地板等建筑物几何信息、语义信息，及其元素连接关系的结构化模型[14]；因此，自动化重建BIM模型是目前的研究热点问题。

本书基于移动LiDAR测量系统采集的室内点云，研究室内房屋分割、三维自适应表达，从而快速有效地重建具有拓扑关系正确、空间结构信息、语义信息的室内三维模型；同时，重建的室内模型不仅用于三维可视化，还可进行空间分析、计算量测、人工编辑等应用[15]。

综上所述，随着室内空间信息数据需求逐渐增加，以及移动LiDAR测量系统的不断成熟，室内自动化房屋分割、快速有效地重建室内三维模型作为一种不可或缺的激光点云数据处理技术而日益广泛地融入信息时代。

1.2 国内外研究现状

室内三维模型是由天花板、地板、墙面、室内物品及附属设施等实体要素构成，对室内环境的数字化表达。接近于真实场景的室内模型通常需要室内三维数据获取、数据配准和融合、结构要素提取、三维模型重建等数据处理过程[16]。激光测距技术是获取区域三维空间数据的重要手段，随着激光系统价格降低、体积变小、重量变轻、性能变好，移动LiDAR测量系统应运而生。该系统基于SLAM技术原理，集成三维激光扫描仪(Laser Scanner)可以直接获得空间三维信息；集成RGBD相机可以实时采集图像信息；同时，集成惯性测量单元(IMU)可以定位定姿，完成定位导航，还可以进入狭窄区域，连续采集数据，并不需要换站和后期配准，对扫描三维数据进行实时自动匹配，最终获得高密度的三维空间数据[17]。三维激光点云的数据处理方法相较于移动测量硬件装备的发展相对缓慢，并不能满足各生产单位对点云智能化处理的需求，还需要不断地努力[10]。

室内三维模型是室内位置服务的基础数据，目前，开放地理空间信息联盟OGC(Open Geospatial Consortium)制定的CityGML(City Geography Markup Language)[19]、buildingSMART制定的工业基础类IFC(Industry Foundation

Class)[13]、IndoorGML[20]等空间模型标准是室内模型标准化表达的参考标准。

室内三维模型是智慧城市发展的主要基础数据，室内三维自动化建模也是目前摄影测量、计算机视觉、计算机图形学、地理信息领域的热点研究问题。从无序的激光点云提取室内结构要素是赋予点云语义信息的过程；室内三维模型重建是将提取后的室内要素转换为点、线、面、体构成的矢量模型，其可以表达室内要素的空间结构关系，以满足室内空间位置服务和空间分析等应用。图1.2展示的是采集三维激光点云、重建结构化模型，进而服务于室内位置应用的过程。本节主要介绍建筑物模型标准，室内三维要素提取、室内三维模型重建、室内三维模型应用的研究现状，以及目前室内建模存在的问题。

图1.2　室内三维建模与应用

1.2.1　建筑物模型标准研究现状

室内空间数据的获取和处理主要包括：数据采集、数据管理、数据分享、数据分析和服务[18]。高精度室内三维模型是实现室内位置服务的核心，基本的建筑物模型标准亦是建模的基础，经过多年的努力，建筑物模型标准已被完善。主要包括：国际开放地理空间信息联盟OGC制定的CityGML[19]、buildingSMART制定的IFC[13]、IndoorGML[20]。其中，CityGML定义了LOD0—4详细的标准来描述建筑物模型。CityGML主要表达天花板、地板和墙等建筑物三维构件的几何和语义信息，以特征建模为目标，然而缺乏要素之间的空间拓扑关系。buildingSMART开发和维护IFC标准，其主要贡献是对全球BIM技术的研发，同时被ISO 16739标准所接受。它定义了BIM数据的概念数据模型和交换文件格式[21]，IFC的标准包括室内空间和室外空间，针对室内空间模型主要定义室内特征结构模型，如墙、门、板、窗户。OGC 在 2012 年开始制定了标准数据模型 IndoorGML，该模型基于可扩展标记语言 XML(Extensible Markup Language)来交换数据格式。IndoorGML 并不是一个独立的标准，是由 CityGML LOD4 和 IFC 派生出来的[22]，IndoorGML 包含其他数据标准对室内空间的定义，具有语义、拓扑、几何模型框架[23]，目的是满足室内空间应用需求。

1.2.1.1 CityGML 模型标准

CityGML 的制定工作是德国于 2002 年开始组织的，致力于交换三维模型的开发、商业应用以及空间可视化，通过可扩展标记语言 XML 来实现城市三维模型的数据存储与交换[16]。CityGML 模型标准涵盖了室内和室外空间，通过 5 个连续等级细节层次模型(LOD0~LOD4)来表达建筑物空间①，示意图如图 1.3、图 1.4 所示。

(1)LOD0 是 2.5D 地形模型，其由不规则三角网构成的面模型。

(2)LOD1 是用简单的立方体来表示城市场景的地物目标位置，并不具有结构特征。

(3)LOD2 是由具有详细屋顶结构的边界面构成的立体模型。

(4)LOD3 是具有较详细的屋顶、地板、天花板、墙、门、窗户等体要素构成的体模型。

(5)LOD4 是表达建筑物室内房屋和家具等详细信息，由建筑结构体要素构成。

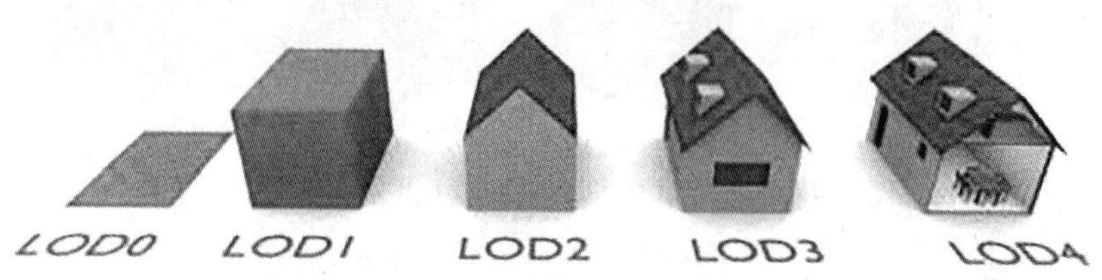

图 1.3　建筑物层次结构模型(LOD0~LOD4)②

1.2.1.2 IFC 模型标准

IFC 标准的主要贡献是对全球 BIM 技术的研发，定义了 BIM 数据的概念数据模型和交换文件格式[21]。BIM 被越来越多地用于综合建设规划，将设施管理变成一个共同的数字基础。IFC 定义 BIM 是一个广泛的几何和抽象实体，具有空间关

① https://www.citygml.org/.

② https://www.citygml.org/ongoingdev/tudelft-lods/.

系。不同于单一的几何表示形式，例如：无序的点云，未连接的面要素或无结构的边界格网，BIM/IFC模型与物理建筑结构非常相似，其具有语义、几何、结构信息的建筑物实体模型(墙、地板、天花板)，同时体元素之间具有相互连接信息[14]。目前，BIM模型已被应用于多个领域，例如：BIM模型与实际竣工点云进行差异检测[25]、建筑管理、能源仿真[26]等。因此，自动化重建BIM模型是目前的研究热点问题。

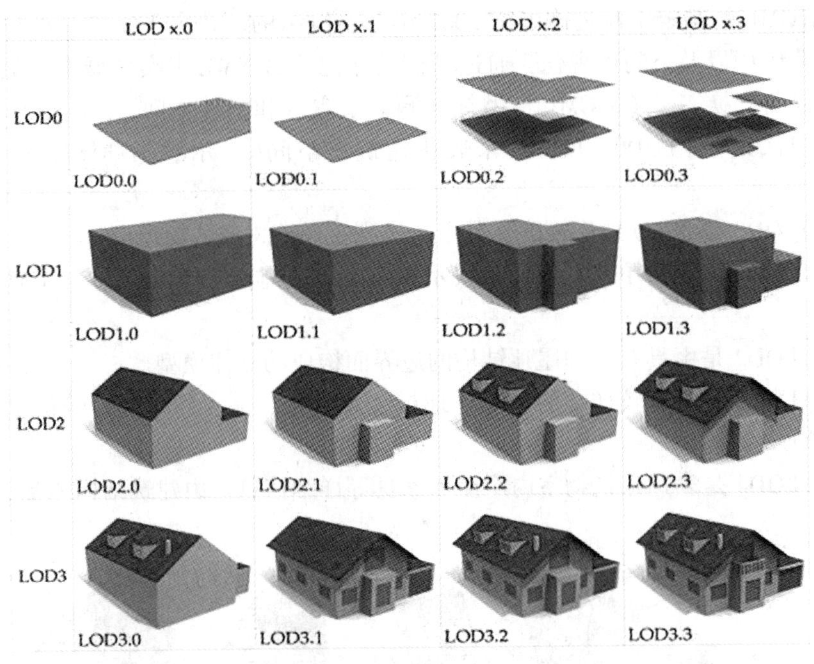

图1.4 室外建筑物多层次模型(LOD0~LOD4)[24]

1.2.1.3 IndoorGML模型标准

IndoorGML标准模型被用来表达、存储和交换室内空间信息，服务于室内的位置服务系统[20]。IndoorGML提供了标准的框架来表达室内空间Cell的几何、拓扑图和语义特征，并使用XML应用程序架构的扩展语言。其中，空间单元Cell的表达内容如下：

(1)Cell的几何信息：包含三维体模型或二维面模型的几何属性。

(2)Cell的拓扑图：IndoorGML的核心模块是空间结构模型，通过三维体或二维面的几何单元构成拓扑图，即由空间对象为图节点构成的对偶图，相邻对象之间为对偶图的边。具体内容包括：①每个细胞有ID，属于房屋的索引号；②每个Cell

与其他 Cell 都有共同的边界，相互不覆盖；③每个 Cell 都有位置信息。示意图如图 1.5 所示。

(3)Cell 的语义信息：室内单元和边界都具有属性信息，例如(走廊、楼梯、电梯、房屋、门窗户)。

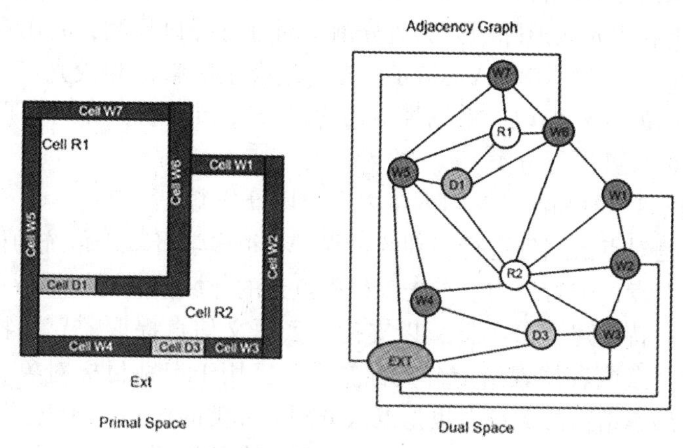

图 1.5 室内空间的拓扑图[17]

目前，IndoorGML 标准已被应用于多种室内位置服务，例如：基于 IndoorGML 的盲人导航[27]，室内相片定位[28]及其他智慧城市的应用[29]。

1.2.2 室内三维要素提取的研究现状

室内场景主要包括办公室、居民房屋、停车场、商场等，这些场景由天花板、地板、墙壁、窗户、门、柱子和单个房屋空间等刚性结构要素构成，以及具有室内家具等物品。本节主要介绍基于激光点云的室内结构要素提取与分类、单房屋分割等研究现状。

1.2.2.1 室内结构要素提取与分类

点云分类处理已有近 20 年的研究历史，有很多的研究方法，其中主要的问题是计算点云差异特征，设计提取策略和分类标准。主要包括两个方面：依赖于分割平面的几何和语义信息来对点云进行分类；利用机器学习或深度学习为室内场景中每个点或者体素给定分类标签[30-31]。

(1)基于分割平面的几何和语义信息来对点云进行分类。

室内地面、天花板、墙面点云具有变化平缓、相互连通的特点，因此平面法向量方向是一致的；通常利用分割或者聚类方法提取几何要素，常用的算法为：区域生长、RANSAC[32]、Hough[33]变换，将几何特征相似的点云聚类为平面要素或者拟合成不同的线段；通过面片或线段的几何特征(法向量值、具有点数量、形状、角度偏差)或语义信息来更好地表达室内结构之间的差异。Sanchez[34]根据点云的法向量将点云分为四种类别，分别为地板、天花板、墙面和其他对象。Díaz-Vilariño[35]根据分割平面之间的邻接关系将点云分类为地板、墙和天花板。Michailidis[36]从杂乱的点云分割墙面，并利用图割方法从墙面提取门和窗户。Previtali[37]提出利用光线追踪的方法对分割墙面进行开口检测，并用规则化的方法将开口分类为窗户和门。Díaz-Vilariño[38]提出结合正射影像和激光点云提取门，利用图像对候选门的边界提取，根据提取边界的尺寸和形状，并结合点云的几何信息，对门和其他对象进行分类。

(2)基于机器学习和深度学习的室内点云场景分类。

点云分类是对点云属性进行识别的过程，有很多学者基于传统的机器学习或热门的深度学习对点云进行分类。首先，根据点云的邻域信息对样本数据进行特征统计，并根据这些特征建立分类器，以支持点云语义信息提取[39-45]和特征分类，为室内场景中每个点或者体素给定分类标签[46-47]，用于识别目标对象。点云特征描述是刻画点云形态结构的关键，也是点云分割、分类的核心，其主要通过点云几何约束特征和深度网络学习两种方法。点云几何约束的特征向量包括：自旋影像[48]、特征值的描述子[49]、快速点特征直方图[50]、旋转投影统计特征描述[51]、二进制形状上下文[52]等。点云的特征向量主要依赖先验知识，通过原始点云样本进行训练，并进行逐点分类。常用的分类器包括：随机森林[53-74]、支持向量机[55]、JointBoost[56]、Expectation Maximum[57]、条件随机场[58]、Neural Oscillator Network[59]、深度学习[60]、Adaptive Boosting (AdaBoost)[61]等。随机森林[54,62,63]和JointBoost[56]还常被用于特征选择。Armeni[64]提出一种语义分类方法，将整体建筑物聚类为不相交的空间，学习每个空间包围盒的几何特征，同时考虑语义元素之间的上下文信息；最终，建立对数线性模型，通过求解能量函数最大化来实现室内元素的分类，能量函数的权值是由结构化支持向量机[65]学习确定的。Rottmann[66]提出了一种监督学习方法为不同的位置物体进行语义分类，该方法首先融合图像和激光数据提取特征，应用AdaBoost算法[67]形成强的分类器，最终利用隐式马尔可夫提升最终的分类精度。Thomas[68]提出基于点云的多尺度球形邻域计算其几何特征，并利用随机森林的方法对点云进行分类。

然而，机器学习的参数设计主要依赖于先验知识，并不适用于复杂的环境。目前，随着深度学习的发展，其可以从大量的训练数据中自动学习特征表达，最终，可以用大量的参数来表达场景特征，以此提高分类精度和算法的适应性[69]。深度学习技术的发展为点云分类提供了一种新的可能，关于深度学习模型主要可以归纳为三类，包括：基于体素、基于多视图和基于不规则点。①基于体素的模型：VoxNet[70]将空间划分为规则的三维体素，然后采用三维卷积神经网络获取点云的特征描述。②基于多视图的模型：主要将三维数据从不同视角投影获得的二维渲染图，并从二维图像上利用图像卷积网络对三维数据进行特征学习，如 Multiview-CNN[71]，然而，此模型的结果依赖于渲染的方式与渲染的视角。③基于不规则点的模型：PointNet[72]首次用深度学习的方法直接处理点云数据，采用 MLP (Multi-Layer Perception)获得逐点特征以及最大特征池化的方式获得点集顺序置换不变性和全局的特征描述，从而得到了更好的点云特征表达结果。PointNet++[73]在 PointNet 的基础上增加了多层次信息，采用 PointNet 进行局部特征学习，从而实现全局和局部特征描述的融合。王程[74]利用关联马尔可夫网络学习框架为每个点云分配一个标签，分类结果为地板、墙、天花板和其他对象。深度学习过程最大的瓶颈是需要大量的训练样本数据及学习网络的泛化能力[75-76]；与二维图像的深度学习相比，由于三维点云的数据量大、特征复杂，基于点云的深度学习在训练效率和网络架构设计还有很长的一段路要走。

1.2.2.2 室内房屋分割

室内房屋分割是将无序的点云分割为单个房间，为模型重建提供重要的语义信息。目前，已有很多学者在研究单个房屋的分割方法，并且发表了相应的研究成果。从激光点云中提取单个房屋，主要是如何利用室内空间的语义、结构信息作为约束条件辅助无序点云的分割。根据使用数据类型不同，可以分为：基于地面站激光扫描点云的房屋分割方法和基于移动激光扫描点云的房屋分割方法。

1)基于地面站激光扫描点云的房屋分割

基于地面站激光扫描点云的房屋分割通常依赖每个地面站点所采集的点云作为初始信息，Oesau[77]率先提出利用二进制图割算法进行空间划分，但仅仅区分室内和室外区域，房屋的内墙并不能被语义划分。此外，为了分割单个房屋，研究学者结合点云的可视性估计和概率模型的方法。例如：类条件概率迭代聚类[78]，该方法通常在较长的空间出现过分割的情况，需要人工交互将过分割的空间进行合并。Voronoi 房屋分割方法[79]，将栅格地图中可用区域划分为少量空间，区域被对应于门口或狭长的通路所分离，该方法会出现过分割情况。Mura[80]通过构建扩散图传播平面单元间的相似性，将二维单元迭代聚类完成场景划分。k-medoids 聚类[11]，即通过合并相邻聚类中心的距离小于一定阈值的区域的方法完成房屋分割，其中聚类的距离度量依赖扫描中心的二进制可视向量。随机过程——马尔可夫随机模型[81]，根据可视区域的相似性迭代聚类可视单元来完成房屋分割。总之，基于地面激光扫描仪获得的每站点云进行单房屋分割，算法迭代次数少，时间效率高；然而，受限于地面站激光点云数据，并不能应用于移动站激光点云的房屋分割；这些算法不适用于大场景的空间划分。

2)基于移动激光扫描点云的房屋分割

Turner[82-83]在构建体模型的平面图中选取具有较大外接圆的三角形作为估计房屋的种子点，同时将平面图中所有的三角形构成对偶图，采用最小割的方法将房屋分割，然而，该方法需要已知房屋的个数作为种子点聚类的先验条件，这一点也就限制了算法的实用性。Bobkov等[84]提出了一种基于各向异性势场的无监督聚类方法，用于完成房屋的分割。王瑞胜[85]提出利用形态学聚类的方法将房屋分割，该方法与Mura[80]类似，通过建立扩散图，使得在同一个房间的单元聚类。Díaz-Vilariño[86]利用时间戳信息确定每个轨迹点的扫描点云，构造最小能量函数进行空间全局优化完成单个房间分割，该方法严重依赖数据质量，仅被应用于简单的室内场景。Ochmann[87]提出了一种全自动房间分割方法，该方法利用光线追踪对平面中单元点云进行可视性分析，并构建可见性图，然后利用马尔可夫聚类[88]的方法对该图的节点进行聚类，完成房屋的分割。Bormann[89]介绍了形态学分割方法、基于距离变换的分割方法[89]。形态学分割方法将整体点云转化为二值图像，并进行形态学腐蚀变换，通过连通性分析确定分离的空间。如果分离区域在最小和最大面积阈值之间，该区域被标记为标签房屋，重复该过程，直到所有的像素都被标记为房屋标签。然而，该方法只考虑空间形态变换、最小和最大的面积阈值，当最小面积阈值过小，会出现空间过分割，最大面积阈值过大，会出现空间欠分割。基于距离变换的房屋分割方法，将室内场景的二值图形进行距离变换，距离变换的局部极大值总是存在于房间的中心，因此，如果适当地对距离变换进行阈值化，则可以获得房间的中心。核心思想是按降序循环所有的可能阈值，以确定房屋的中心标签，同时针对未标记的空间采用波前传播策略，最终完成房屋的分割。该方法与形态学分割方法类似，易产生过分割和欠分割的结果。李霖[90]在此基础上进行了改进，考虑将门高至墙高之间的墙面点云作为语义约束条件，以此提升房屋分割的正确性；然而，该算法需要根据不同的室内结构，手动调整最小和最大的面积阈值，自动化程度低。

室内目标的分类与提取，使得无序的点云实例化，并具有了语义信息。然而，目标点云高度冗余且存储空间大，不具有拓扑关系和空间结构信息，不便于三维自适应表达、空间分析以及位置服务等。因此，需要将提取的基元要素构建具有拓扑关系、空间结构的三维矢量模型。

1.2.3 室内三维模型重建研究现状

目前，随着科技的进步和社会服务需求日益增大，智慧城市已经从实景三维向实体三维发展，因此城市建筑物多尺度模型重建、建筑物立面结构化重建、高精度道路线的提取与建模、室内三维模型重建等方面已被大量研究[91]。不同于冗余Mesh格网重构的数字表面模型，重建结构化模型的关键在于准确提取建筑物的结构要素，将由点云构成的结构要素转换成具有拓扑连接的线、面、体矢量模型。重建建筑物的三维模型通常采用模型驱动[92-93]、数据驱动[94-96]、混合驱动[97-98]。模型驱动通过模板库的几何基元重构与实际场景相匹配的模型，然而其受限于模板库的基元类型，无法重建复杂结构形态，因此，该方法并不具有适应性。数据驱动可以重建多细节层次的建筑物模型，然而对数据质量较为敏感，主要依赖提取的几何基元的精度。因此，有很多学者基于数据驱动和模型驱动混合建模，利用彼此优点重建高精度模型。在近十年，计算机图形学、计算机视觉、摄影测量与遥感等学科的学者对室内三维模型重建进行了深入研究，并取得了一定的进展。重建的模型根据不同类型矢量的组织形式分为：基于线要素的模型重建、基于面要素的模型重建、基于体要素的模型重建。不同类型的矢量数据表达不同细节层次的模型，基于线要素重建的模型主要表达场景的细节特征，其建模精度高；基于面要素重建的模型主要表达场景的主要轮廓信息；基于体要素重建的模型主要表达场景真实的三维形态、建筑物各结构部件，不仅有利于三维立体实物图的可视化展示，还可进行空间分析等应用。

目前，为了促进室内建模方法的研究和重建模型的精度评价，国际摄影测量与遥感学会(ISPRS)发布了 WG IV/5“3D indoor modelling”数据集[99]。由于室内结构的复杂性、目标之间遮挡严重，局部点云噪声较大，自动化重建高精度三维模型仍是一项具有挑战的问题。

1.2.3.1　基于线要素的室内模型重建

基于提取的线要素重建室内模型，表达场景的细节结构。根据数据类型的不同可以分为基于二维图像的线段提取和基于三维激光点云的线段提取。传统的霍夫变换(Hough Transform)[100]是将每个数据点映射到离散的参数空间，同时选择最大投票的参数空间进行拟合直线。与其类似的方法有 Roberts Cross、Sobel 或 Canny[101]边缘检测器。该方法有很大缺陷，在较高密度的纹理区域会产生很多误探测，忽略了边缘点的方向，得到方向异常的线段；另外，通过设置固定阈值提取整体线段，算法并不鲁棒。Burns 等[102]利用图像梯度方向聚类，忽略边缘点和梯度等级，提取的要素并不是规则线段，而是细节的纹理特征和局部对象。Matas 等[103]提出概率 Hough 变换(PPHT)，加速了随机选择边缘点计算效率，改进自图像梯度信息与控制假检测，其效果比标准霍夫有明显改善，然而其仅仅检测整条线，并没有保留场景的细节信息；该方法的检测参数是每次分析边缘点误检测的概率，然而，边缘点的数量取决于图像大小和预期的误检测次数；固定的参数会造成大图像的错检和小图像的漏检。Desolneux 等[104-105]通过计算梯度方向上点的个数及非结构逆模型判断异常线，该算法控制了线段的误提取，同时解决了参数阈值问题。Rafael 等[106]改进 Burns 的算法并结合 Desolneux 等的线段检验标准，提出了 LSD 算法，不需要手动调整参数，可以从图像中自动化、精确地检测线段。Bauchet[107]在前人线段提取算法的基础上，提出构建多边形轮廓来表达二维图像的详细几何结构，算法的核心思想是延长预先检测到的线段直到相交于邻域线段，利用较少的多边形更好地表达图像平面的几何信息。Chen Liu[108]创新性地提出一种深度神经网络结构(DNN)，其中，FloorNet 通过三个神经网络分支有效地处理数据：利用 PointNet 框架，考虑空间三维信息；针对二维点密度图像采用了 CNN 框架，增强局部空间推理；以及基于 RGB 完整的图像信息采用 CNN 模型，最终完成基于低成本的 RGBD 视频数据来构建具有高精度的矢量结构的平面图。

针对三维激光点云密度不均、噪声较大，尤其复杂的室内环境，给三维线要素提取带来了巨大的挑战。近年来，有很多学者研究从三维激光点云中提取线段，并有相应的文章和算法。从三维点云中提取平面，从相交平面中接近直线区域点云拟合成具有丰富几何信息的三维线段[109]，然而，提取的线段是完全独立，不具有拓扑关系和空间连接。与其方法类似，夏少波[110]和陆小虎[111]从点云中提取无序的线段。基于提取的三维直线重建具有拓扑关系的三维模型算法包括：Jung[112]将分割后的平面，提取边界线、平面交线、阶跃线来构建组合模型，同时利用 BSP 构建空间的拓扑关系，隐式正则化模型中的线要素，灵活地描述复杂结构的屋顶模型；Sui[113]提出一种从水平切片自动提取平面图方法构建室外模型，该方法通过对边缘点的法向量和位置改正，得到精确的二维平面图，然后将每个平面图拉伸至相似的楼层中，最终重建室外模型；王程[74]从具有语义信息的点云中提取初始化的线要素，提出条件对抗网络(cGAN)深度学习的方法，整体优化提取的线要素，生成具有结构信息线框模型，然而，该方法不能表达室内房屋的邻接信息，同时需要大量的训练时间。

基于线要素重建的室内三维模型可以详细地表达室内结构的细节特征，然而缺少了语义信息和空间结构关系。基于面要素和体要素重建的室内模型具有空间拓扑及其邻接关系，弥补了基于线要素重建模型的缺点，不仅可以进行三维可视化，也可以进行各种空间分析和位置服务等。

1.2.3.2　基于面要素的室内模型重建

基于面要素重建模型的核心问题是如何提取高精度的平面来稳健描述室内建筑物的几何形态。传统的 RANSAC 算法[32]是通过反复选择数据中的一组随机子集来达成目标，首先，从点云随机抽样三个数据点作为种子点，拟合初始平面模型，在固定内点与模型拟合阈值的条件下经过大量的采样，选择具有最大点集的模型作为最佳模型，该过程将不断迭代，直到所有点云都聚类为各自平面。虽然传统的 RANSAC 算法针对点云有较好的分割效果，目前仍然有大量学者对分割算法进行改进，例如 Efficient RANSAC[114]，该算法扩展了提取基元要素的类型(平面、球体、圆柱体、圆锥体和圆环面)；新的加权 RANSAC 算法[115]；增强的 RANSAC 算法采取局部采样策略，提升平面提取的效率[116]]。然而，这些分割算法仍然存在一些缺点，例如：严重依赖于参数值的选择，平面分割受点云质量影响较大，同时，不同的点云特征(点密度、质量、点间距)也决定了参数的选择。此外，平面检测顺序也会影响到分割效果，如果先提取的平面不准确会严重影响到后续的平面提取。

目前，有很多研究算法旨在突破传统的几何基元提取，重点在平面基元的交集，以此寻找合适的组合来表达建筑物模型。Monszpart[117]基于平面间的关系提出一个全局优化的方法提取规则平面(RAP)，以此重建人造的场景；该算法提供了非局部耦合策略，面片分割并不是独立单元进行分析处理，而是考虑了面片间的邻近关系，尽量减少噪声的影响，得到的规则平面是具有相互平行、正交的基元对，然而该方法针对大场景的建模需要大量的时间。胡平波[16]设计并构建了多标记图割模型来提取建筑物屋顶平面，该方法首先采用超体素过分割和随机采样技术丰富了初始候选平面集，并结合场景约束关系优化出最佳的候选平面集，最终将超体素与候选平面进行全局优化，实现屋顶平面高精度提取。林阳斌[118]利用最少先验知识的约束模型来隐式建立平面间的关系，提出了一种基于能量最小化的方法来重建与约束模型一致的平面，该算法效率高，易于理解，实现简单。以上算法所提取的高精度建筑物平面均不具有拓扑结构关系，仅仅被用来可视化。因此，需要将提取的点云平面重建具有拓扑连接的矢量模型，并通过规则格网(Regular Grid)、不规则三角网(Triangular Irregular Network, TIN)或者混合模型进行可视化表达。有很多学者，研究多种生成方法来重建三维模型。例如：通过提取的平面构建屋顶基元拓扑关系[16,119-120]，并以拓扑关系图为基础，提取平面基元交线并联合轮廓线重建建筑物的三维模型。针对场景整体与细节的表达，Lafarge[121]提出利用曲面和平面混合建模的方法恢复场景的细节结构，最终的面模型是通过最小割的方法求解结构点云，并进行三维 Delaunay 剖分，重建的模型具有丰富的尖锐特征，同时减少了表面三角形的个数。Boulch[122]提出构建分段平面重建三维模型，该方法通过水密多边形网格来表达室内场景的可视区域，有利于推测并重建室内遮挡的区域。Chauve[123]利用分割的平面对三维空间进行自适应剖分，以此得到多面体单元，即利用 Delaunay 三角剖分表达不同尺度的建筑物模型；该算法用优化水密多边形 Mesh 格网来代替冗余的点云数据，保留了局部细节、弥补数据缺失、简化冗余的 Mesh 格网，并且不受点云噪声的影响。

基于面要素的室内模型重建，主要依赖平面提取精度。由于激光点云易受到多种因素影响，完全依赖自动化重建高精度的三维模型仍然面临较大的困难。目前，针对大场景复杂建筑物的三维重建，仍需要人工编辑，因此，自动化或尽可能少的人工交互是三维建模研究努力的方向。基于三维 Mesh 的面模型，表达了空间语义信息和几何信息，缺乏相邻空间的拓扑连接。IndoorGML 模型标准定义的建筑物框架是由三维 Cell 单元表达的实体几何模型，具有丰富的几何属性、拓扑结构(空间的图节点构成对偶图)、语义信息(室内单元的特征类型)；该模型用来表达、存储和交换室内空间信息，使其便于后续的拓扑分析、模型管理以及模型应用。

1.2.3.3 基于体要素的室内模型重建

体要素的模型重建是基于提取的平面将场景划分为三维体元，同时通过一些预先定义的体元拆分、合并完成模型的构建，并建立实体间的拓扑关系。Oesau[77]率先提出利用体要素重建室内模型，首先将提取的水平结构和垂直的墙面完成三维空间的划分；并通过二进制图割的方法将无序的三维单元划分为实体和空集，即室内和室外的标记(并不具有单个房屋的语义信息)；最终构建多尺度水密面格网表达建筑物模型。南亮亮[124]和 Li[125]等提出类似的建模方法，基于提取的多边形平面重建异形的建筑物模型；其突破传统侧重于几何基元的提取，重点以相交的平面基元构成三维体元，以此寻找合适的组合来表达建筑物的结构模型。近五年有很多研究学者在该方法上进行了扩展，肖建雄[126]提出一种新的建模方法(Inverse CSG)，其是利用体要素构造实体几何，并采用正则约束完成结构规则化，最终完成大型博物馆模型的重建。Ikehata[11]提出以结构图为引导构建室内结构化模型，其中图中节点表示为房屋、门和墙等其他结构元素，图中的边表示结构要素之间的几何关系，该方法依赖于局部几何关系，受限于曼哈顿世界假设，建模效率低。Ochmann[79]采用 RANSAC 提取平面对场景进行划分，每个地面站的扫描点云视为一个房间初始标签，构建多标记图割能量函数完成空间优化，重建多房屋室内模型；然而，该方法将地面站扫描点云作为语义约束，在较长走廊会出现过分割情况；同时，由于遮挡和噪声的存在，很难自动化重建高精度的室内模型，该方法可以通过人工交互实现模型重构。Mura[81]采用任意方向的平面对场景划分，建立二进制空间划分树(BSP)，划分的多面体单元相对于树的叶子节点，以此构建拓扑关系；同时，根据空间可视点云属性信息拆分和合并多面体，最终构建真三维的室内模型；对比其他重建 2.5 维的模型结果[77,85,124-125,127]，该方法突破了曼哈顿世界的限制。崔扬[128]将高精度的线要素和分割的单房屋作为语义约束进行全局优化，以获得平面图，同时考虑面要素的三维几何信息重建三维结构化模型；可以解决在局部点云缺失的情况下，构建完整的矢量化模型，同时，保证了模型的精度和建模效率。Ochmann[87]提出利用互相连接的墙体构建结构化模型，同时加入人工交互来保证模型的精度，该模型可满足 BIM 的应用需求。基于提取平面基元重建结构化模型，易受噪声、数据缺失和点云密度变化的限制，低质量的平面提取导致拓扑关系错误。因此，刘欣怡[129]提出利用激光点云提取三维平面、图像纹理信息提取直线，基于线、面特征互约束机制来恢复缺失的平面，从而构建建筑物的 LOD3 模型。

1.2.4 室内三维模型应用研究现状

重建的室内三维模型具有丰富语义信息、建筑属性、真实三维结构信息、空间关系和互操作几何特征。目前，很多学者研究基于重建室内模型进行室内空间应用，包括室内导航[130]、布局规划[3]、环境分析[131]和实时应急响应[132-133]等。Díaz-Vilariño[129]研究基于重建的BIM模型，优化扫描位置，以此为机器人导航规划最短路径。Boyes[130]提出融合BIM模型和GIS服务于空间数据管理，例如空间位置查询等。Tomasi[8]介绍基于BIM模型进行无线传感器网络最佳覆盖度的计算。Rafiee[131]提出将具有几何和语义信息的BIM模型转化为地理参考的矢量模型，并进行统计分析，服务于城市空间规划。Tang和Kim[132]介绍了基于NIST火灾动力学模拟器和BIM模型进行火灾动态模拟，包括模拟控制、烟雾建模、室内人员疏散等。Boguslawski[133]研究基于BIM模型的室内火灾应急路线规划。Li[27]基于室内模型进行盲人导航的位置服务。张萌萌[134]将重建的室内三维模型与VR技术结合，完全仿真室内场景，并进行浏览地物和室内定位导航应用。通过上述应用实例，可以发现重建的室内模型对人们的日常生活和城市发展具有十分重要的意义。

1.2.5 室内三维建模研究中存在的问题

移动LiDAR测量系统在采集数据时会受到多种因素的影响导致数据噪声较大，数据缺失，密度低且分布不均等特点，同时，室内场景存在结构复杂、目标丰富的特点，给自动化室内要素提取和三维模型重建带来了极大的挑战。在工程生产中通常采用手动或者半自动的方式重建室内模型。近些年，为了提高模型重建的自动化程度，有很多学者对室内激光点云的数据处理进行了深入研究，并取得了很多成果。一部分学者基于点云的几何和语义特征对室内物品目标进行分类[34-70]，提取结构要素[77-87]。另一部分学者基于提取的几何基元，重建室内三维模型，将由离散点云构成的结构要素转换成具有拓扑连接的线、面、体矢量模型。重建的模型根据不同类型矢量的组织形式分为：基于线要素的模型重建[100-113]、基于面要素的模型重建[114-123]、基于体要素的模型重建[11,77,85,124-125,127]。此外，很多学者基于重建的矢量化模型进行了室内位置服务，主要包括：室内导航、建筑设计、布局规划、环境分析和实时应急响应等。

总之，室内结构要素的提取和模型重建已有很多年的研究历史，也具有很多理论基础和研究算法，但仍存在很多难点和未解决的问题：

(1)移动LiDAR测量系统采集的点云存在离散无序、噪声较大，数据缺失等特点；面向多层、多房屋、复杂连接的室内场景，容易出现长长的走廊空间过分割情况，进而影响室内三维模型重建。

(2)大范围室内场景结构复杂、特征丰富、形态多样，给自动化目标提取带来了极大的挑战；单一类型的几何基元并不能满足复杂室内场景的模型重建；同时，几何基元组合和拓扑关系构建难，导致自动化重建高精度模型非常困难。

(3)重建的室内三维结构化模型不仅可以三维可视化，还需要具有正确的几何、语义以及结构关系。验证模型的实用性，将重建的模型直接用于室内空间位置服务，是一个具有现实意义的研究问题。

第 2 章　移动激光点云室内三维模型重建综述

三维模型重建是摄影测量与遥感、计算机视觉、计算机图形学领域的重点研究问题。近年来，随着新兴信息技术的迅速发展，在大数据时代下，数据获取的便捷性推动了以数据驱动的三维建模方法研究[135]。自从激光扫描系统与 GPS 和 IMU 集成以来，针对大范围的室外建筑群，通常使用机载 LiDAR、车载 LiDAR 或地面站 LiDAR 测量系统快速获取三维点云数据，因此，国内外有很多学者基于激光点云对室外建筑物重建进行了深入的探索和研究，同时也取得了一些成果。目前，按人类活动轨迹分析，有 80%以上的活动发生在室内，因此，在重建室外建筑物实体模型的同时，也要开展室内三维模型的构建。相比于室外，室内环境更为复杂，遮挡严重，无 GNSS 信号，然而，模型精度要求较高(0.1m 左右)[136]。目前，正是智慧城市建设和发展阶段，室内建模的需求极大，因此，需要研发高效的移动测图系统以及自动化三维建模算法。近年来，随着软硬件技术的不断发展，低成本、便捷、高精度的测量设备被很多学者和业界的研究人员研制，主要是采用 SLAM 技术，在硬件平台上搭载多种传感器，包括三维激光扫描仪、惯性导航系统(IMU)、全景相机、Kinect 等的室内移动测绘测量系统，可达到厘米级的测图精度，并实时回传所采集的室内点云。针对多楼层的室内场景，这种低成本、轻巧型的移动测量设备，可以逐楼层采集，在强大的处理能力下，可以建立各楼层统一坐标系的点云数据。因此，如何基于移动测量系统获取的激光点云，实现自动化室内要素提取和高精度室内三维模型重建是重要的研究方向，也是本书主要的研究内容。

室内要素的分割提取，主要是根据室内空间的层次结构关系，以及点云局部的几何形状特征、空间特征及颜色特征的异质性，对点云进行提取分类。其中包括：天花板、地板、墙面、门、窗户、柱子的提取和单个房屋的分割，为重建室内三维结构化模型提供了几何约束和语义信息。

三维模型重建是将提取的结构要素生成矢量化数字模型，通常利用三角网模型(Triangular Irregular Network，TIN)、规则的 Mesh 格网、少量的多边形等形式进行表达。其是利用点、线、面、体的矢量结构代替冗余的离散点云，重建的目标模型具有结构信息、拓扑关系和语义信息，更好地服务于各种应用分析和交互操作。

据此，本章介绍并实现了基于移动 LiDAR 点云室内三维模型重建的基本方法。主要包含以下几个方面：首先，阐述了室内移动 LiDAR 测量系统和数据特点；同时，介绍了顾及场景结构关系的室内要素提取方法，实现了基于规则面要素的室内模型重建的基本方法；最后，利用三组 ISPRS 测试数据来验证算法的性能。实验表明：基于传统规则面要素的建模方法可以自动化重建的多层、多房屋室内场景的体模型。然而，该方法完全依赖提取面要素的精度，受限于曼哈顿世界的房屋；同时，重建的体模型是由给定厚度的墙体构成，与实际情况有一定偏差。

2.1　移动 LiDAR 测量系统及数据特点

室内移动测量系统集成了 IMU、激光扫描仪、数码相机以及控制单元等组成部分，能够利用三维激光定位与测图方法实现快速同步和地图创建，从而获得室内三维激光点云。可以应用于狭窄的室内空间或地下环境的数据采集，可以高效地获取系统移动轨迹、高精度点云等多种数据结果[13]，相比于传统的地面站激光扫描点云有绝对的优势。本节将从室内移动测量系统和数据特点两方面展开介绍。

2.1.1　移动 LiDAR 测量系统及其应用

SLAM 是 Simultaneous localization and mapping 的缩写，意为“同步定位与建图”，其主要用于解决机器人在未知环境中运动时的定位与地图构建问题，如图 2.1 所示。

图 2.1　地图构建的示意图

近十年来，为了满足室内三维激光点云数据采集的需求，移动测量系统的研制受到测绘等领域工业界和学术界学者广泛研究。针对复杂的室内环境，移动测量设备基本采用 SLAM 技术，其主要包括两种：一种是基于视觉 SLAM(visual SLAM,

VSLAM)算法的双目相机或深度相机与 IMU 集成；另一种是基于激光雷达和 IMU 集成的激光 SLAM(laser SLAM，LSLAM)[①]。在硬件平台上搭载多种传感器，包括：三维激光扫描仪、惯性导航系统(IMU)、全景相机、Kinect 等多传感器；可实时回传所采集的室内特征(图像、文字、视频、WiFi、地磁等)、地图和传感器姿态等数据，多传感器实现同步控制，以实现多传感器的统一协调工作，具有自定位及环境探测功能，并可以根据不同的应用环境，进行灵活组装。

室内移动三维测图硬件系统由移动平台以及安装在移动平台上的一种或多种传感器构成。移动平台一般包括推车、背包、手持等，而传感器可以分为感知环境的传感器和感知运动状态(位置、速度、姿态)的传感器两类。主要的环境感知传感器包括相机、激光雷达、RGBD 深度相机等；感知运动状态的传感器主要包括惯导、里程计、磁力计等。图 2.2 为深圳大学研制的背包测图设备。

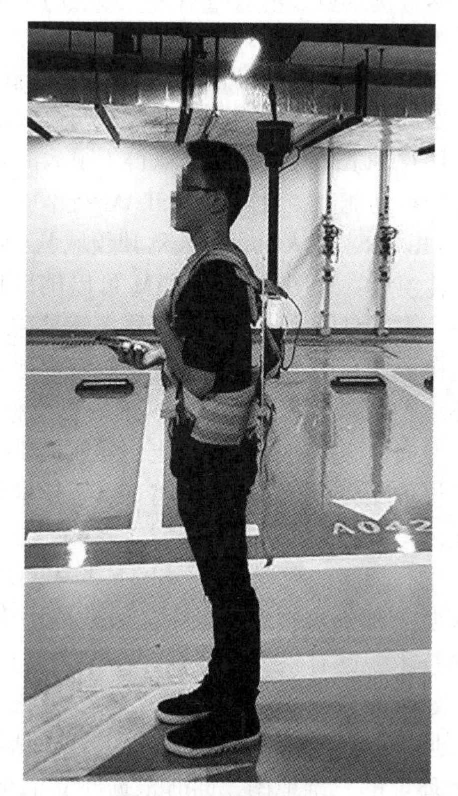

图 2.2 背包测图设备

① http：//blog. itpub. net/31559640/viewspace-2284876/.

由于采集装备集成多种独立的传感器，需要将不同设备采集的数据融合于同一基准下以有利于后续数据处理。通过多传感器位置与姿态快速标定，以实现各个传感器的输出以及坐标系之间的快速转换[13]。

结合采集的点云及影像数据，通过点云及图像的配准，能够获取采集设备的相对位置及姿态关系，为大场景数据的整合提供依据。但是由于随着距离增加，存在递推偏差；因此需要在数据融合过程中，结合建筑物模型规则，引入SLAM方法，克服位置及姿态飘移，生成建筑物整体范围内的完整数据。

针对无GNSS区域三维移动激光测图技术，利用惯导和激光扫描进行紧组合定位测图，可达到厘米级测图的精度，该方法相对于传统移动测量方法具有不依赖GNSS，灵活方便的特点，从而极大地提高了数据采集效率。具体来说，针对无GNSS环境下的室内测图应用，从硬件系统着手，构建了多传感器集成的三维移动激光、视觉测图系统。硬件系统可采集时间同步的惯性测量数据、激光雷达和图像纹理数据。将惯性测量和激光雷达数据文件或者数据流输入到软件系统中，激光辅助惯导定位测图系统，可以得到最终的高精度三维轨迹和三维点云地图。

随着SLAM技术的发展，将其集成到硬件系统后使得价格降低、体积变小、重量变轻、性能变好，实用化SLAM导航技术已取得了很大的发展，它将赋予机器人和其他智能体前所未有的行动能力，目前已将SLAM技术应用到多个领域，主要包括：机器人定位导航、VR/AR、无人机、无人驾驶领域①，如图2.3所示。

(1)机器人定位导航领域：地图建模。SLAM可以辅助机器人执行路径规划、自主探索、导航等任务。走入日常生活的扫地机器人就是通过SLAM技术结合激光雷达或者摄像头。扫地机器人利用二维激光雷达绘制室内地图，并利用SLAM技术自动分析和规划移动环境，使得进入自主导航。国内思岚科技(SLAMTEC)是这方面技术的主要提供商，专门为服务机器人自主定位导航提供技术支持。目前，该公司的二维激光雷达部件售价降为百元，由此，将SLAM技术移植到低成本导航设备是具有现实性应用意义。

(2)VR/AR领域：增强现实的视觉效果。SLAM技术可以实时构建近似真实的场景地图，使得当前视觉叠加到虚拟的场景中，通常被用于游戏。目前，VR/AR将SLAM作为视觉增强技术，已有很多代表性产品，主要包括：微软的Hololens，谷歌的ProjectTango以及MagicLeap。

(3)无人机领域：地图建模。在GPS信号遮挡区域，融合SLAM的无人机技术可以实现快速构建周围环境的三维地图，同时根据建立的地图进行自主定位。目前，该技术融合地理信息系统和图像识别技术，可以自动识别障碍物，并自主避障，如Hovercamera无人机。

① http://blog.itpub.net/31559640/viewspace-2284876/.

(4)无人驾驶领域：视觉 SLAM。与 GPS 信号相结合，同时，弥补 GPS 信号不稳定而造成的定位跳变，并融合 IMU 和编码器进行精确定位，以满足无人驾驶的需求。目前，国内外已有大量的科研机构和公司研发高精度的无人驾驶技术，例如：Google 应用激光雷达、SLAM 等多传感器融合技术的无人驾驶车已成功实现路测。

(a)机器人定位导航

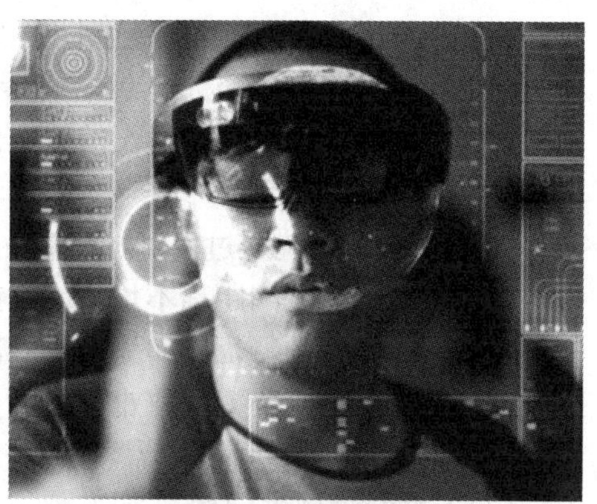

(b)VR/AR 增强现实

(c)无人机

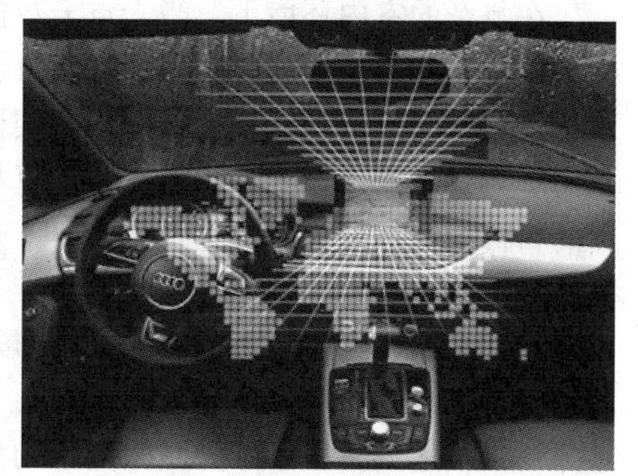

(d)无人驾驶

图 2.3　SLAM 的典型应用领域①

2.1.2　移动 LiDAR 点云的数据特点

依据 SLAM 移动测量技术在采集数据时需采用闭环路线，即每次数据采集的起点和终点位置基本一致，可以同时得到场景的三维激光点云和轨迹坐标。移动激光扫描点云具有高密度和高精度的三维几何信息。然而，由于室内场景复杂、移动对

① http：//blog. itpub. net/31559640/viewspace-2284876/.

象干扰、目标对激光多次反射等影响，导致采集数据通常存在非结构化、高冗余、数据空洞、密度不均、离散性、多遮挡、几何位置失真、测距短等缺点，这给重建高质量室内模型带来了巨大挑战。其数据特点具体如下：

(1)具有高密度、高精度的三维坐标。

测量区域不受GNSS信号限制、光照、天气状况等影响，室内移动LiDAR测量设备通过位置估计和特征匹配进行自身定位，而且测距稳定。因此，采集到的点云数据具有三维坐标信息，可以达到几个厘米的精度，为三维目标提取和模型重建提供数据支撑[137]。同时，激光点云具有高密度特点，每平方米达到几百甚至上千个点，为局部特征计算提供了强大的数据保障。

(2)存在离散性问题。

移动LiDAR系统通过发射脉冲激光束，通过测量时间和距离得到目标的三维空间坐标，目标点之间距离不均匀，离散无序。三维激光点云不同于二维图像通过平面阵列存储场景的特征，而无结构的离散点云，导致海量数据的空间管理难、实时三维显示难、目标要素提取难、模型重建难。目前，通常采用KdTree、四叉树、八叉树等方法构建空间索引[137]。

(3)存在数据缺失问题。

在复杂的室内环境下，激光点云数据不完整是一个难以避免的问题，例如：不同材质的物体对信号有一定程度的吸收；光滑物体表面镜面反射导致回波信息可能无法接收，造成数据缺失；室内场景楼梯、玻璃、移动对象对点云数据有遮挡和漂移的影响，造成目标表达得不完整、点与点之间空间关系弱化等问题，进而影响点云的目标提取与分类[137]。

(4)存在密度不均问题。

移动LiDAR测量系统采集到的数据通常会出现部分区域大量冗余，而局部区域由于遮挡或者噪声导致点云较为稀疏[137]。因此，在目标提取前，在不影响点云整体特征描述的情况下，通常采用均匀格网对原始点云进行下采样，以此减少密度不均的问题。

(5)点云几何位置失真。

SLAM移动测量系统获取的点云数据是通过图优化算法解算的，算法的局限性会导致采集的点云几何结构变形、数据漂移严重、局部结构分层或重叠等误差[138]。主要表现为采集的室内刚性位置与真实结构差距大，例如：墙面与地面不垂直，天花板与地板不平行等几何结构偏差。

(6)有效观测距离短。

移动LiDAR测量系统一般配备Velodyne VLP-16或Velodyne VLP-32的激光扫描仪，采集的点云数据有效距离仅为30~100m，只适用于室内有限的空间，并不能满足室外大范围的测量任务[138]。

2.2 顾及场景结构关系的室内要素提取

基于移动激光点云的室内结构要素提取是模型重建的前提和基础[139-140]。目前，国内外学者在室内结构提取方面提出了许多算法，概括起来主要是基于点云几何、语义特征方法，机器学习、深度学习方法。然而，由于室内环境的复杂性，采集到的三维激光点云具有数据量大、点密度不均、目标多样、目标间存在遮挡和重叠等特点；同时，不仅包含了来自室内建筑结构的回波点云，也有物体表面反射而回的非室内结构点云。针对复杂室内环境结构要素自动化提取难的问题，本节首先分析室内建筑物的结构特点，挖掘其中的层次结构关系与几何一致性约束，并结合激光点云几何特征，提出了顾及场景结构关系的室内要素提取方法。

2.2.1 室内场景结构层次关系分析

根据室内场景建筑物实体的结构特点可知，室内基本结构要素包括：天花板、地板、墙面、门、窗户、柱子等；天花板和地板是接近水平的平面(有时倾斜)，墙面通常是与地板垂直的，门和窗户是嵌入墙面的开口，柱子是连接地板与天花板的垂直物体。门是从一个室内空间到另一个室内空间，通过门的位置构成了相邻房屋的连接性，这也促使局部点云到建筑房屋的全局配准。据此，本节基于场景结构关系进行室内要素提取。

2.2.2 室内平面要素的提取

提取高质量室内结构的平面基元是室内三维建模中的关键一步，其直接关系到后续三维模型重建的精度[140]。

室内建筑结构本身的复杂性以及噪声、点云稀疏、遮挡等的存在，导致高精度的平面基元提取面临着诸多问题：①针对复杂的场景，固定的参数值会造成平面的误提取；②在顺序提取算法中，过渡区域的边界点可能会被分配到最先提取的基元中，影响后续平面的提取，同时，受点云噪声的影响，难以保持相邻面片间的平滑过渡和拓扑关系的正确性；③整体平面基元提取存在全局优化难，容易出现局部极值和难以收敛的问题，迭代优化效率低；④室内场景基元之间的几何约束关系在提取中难以直接利用，因此影响室内基元提取的效果。本节为了兼顾平面提取的速度和精度，分别利用点云密度直方图和 RANSAC 算法对多楼层室内点云进行楼层分割、平面提取，并通过几何约束进行规则化处理。

真实室内场景通常是曼哈顿世界，其中主要结构组成部分为墙、天花板和地板。场景的三个主要方向通常由点云法向量分布直方图中的三个峰值来识别[125]，通过确定场景的主方向，K 将点云转换为曼哈顿世界的坐标框架。因此，需要对每个点云的最邻近进行主成分分析(Principal Component Analysis，PCA)，计算该点的法向量值，并确定主方向的旋转矩阵[126]。如图2.4(b)所示，法向量沿着三个主方向聚类(x轴，y轴，z轴)，最后，通过旋转矩阵将原始点云转换成曼哈顿世界，结果如图2.4(c)所示。

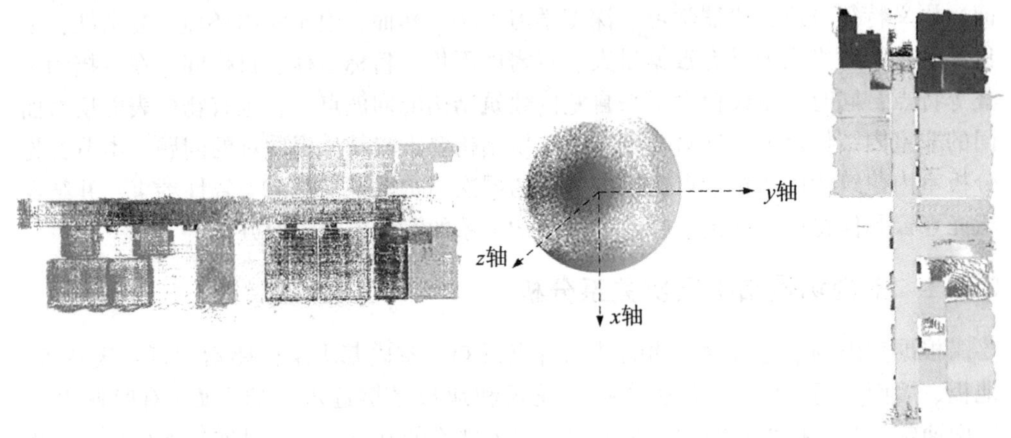

(a)原始点云　(b)法向量形成三个主方向聚类　(c)转换后的点云

图2.4　将原始点云转化为曼哈顿世界

针对转化曼哈顿世界的点云数据，墙面垂直于地板和天花板，天花板和地板是水平基元，由相似高程的点云构成。由此，水平结构的位置可由点云沿着z轴的分布峰值所确定，结果如图2.5(a)所示。可以发现：点云密度直方图的峰值受点云噪声的影响较大，因此需要滤波处理；如果点的法向量的z轴分量小于阈值p_z，该点不属于天花板或地板，则将该点删除；如果峰值大于阈值p_v，则提取峰值位置处的点云；如果峰值之间的距离小于p_d，则将较小峰值处的点云删除；最终完成滤波，提取天花板和地板，结果如图2.6所示。同时，该提取结果亦可分割多个楼层。原始点云的x轴和y轴的密度直方图，如图2.5(b)和图2.5(c)所示，其与墙面的方向一致，然而，由于室内结构的复杂性，仅仅通过x轴和y轴的密度直方图峰值并不能正确地提取墙面。因此，将原始点云除去天花板和地板后，并利用RANSAC算法[32]提取初始墙面，结果如图2.7(a)所示，初始化墙面有很多误提取。因此，需要根据室内结构关系与几何一致性约束，将这些提取初始墙面进行规则化处理。几何约束条件为：室内墙面是垂直于地面的，相邻墙面通常是相互垂直的。因此，提取的墙面要尽可能平行于x轴和y轴，垂直墙面法向量的z分量小于阈值n_z，并且x，y平面的斜率小于阈值s_{xy}。同时，如果满足以下约束条件，平面将被合并：①两个平面之间的角度小于阈值θ_t；②两个平面之间的中心距离小于阈

值 d_t [125]。重复这些过程，直到所有墙面都被规则化，结果如图 2.7(b)所示。每个规则化平面的参数由主成分分析确定，主要包括法向量 (n_x, n_y, n_z) 和距离 d。

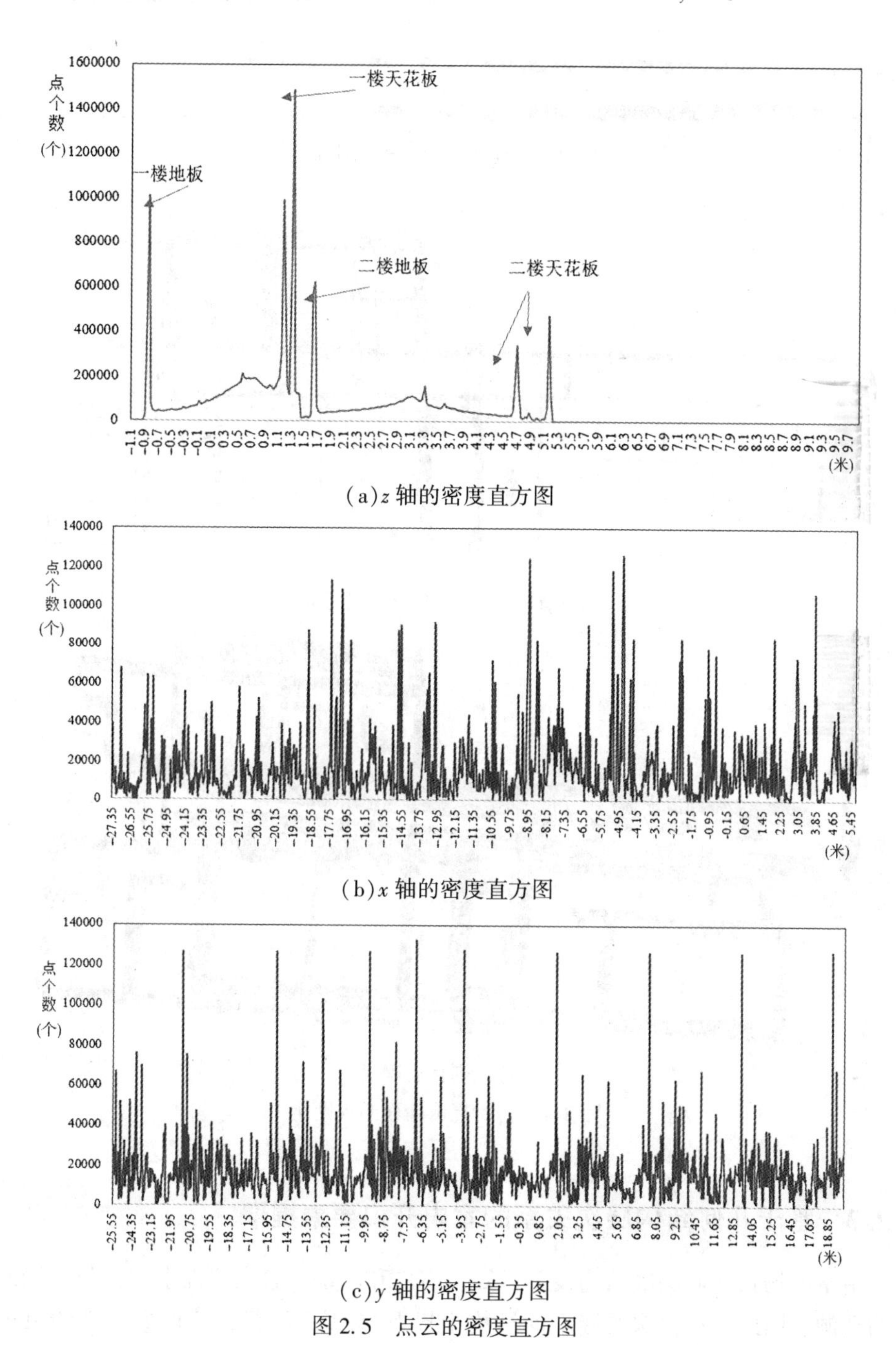

(a) z 轴的密度直方图

(b) x 轴的密度直方图

(c) y 轴的密度直方图

图 2.5　点云的密度直方图

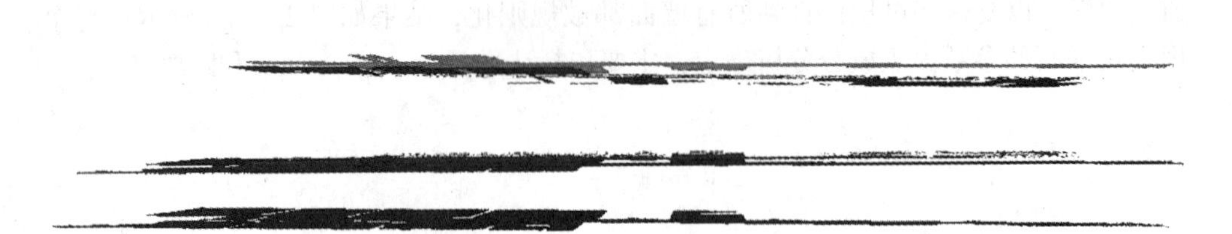

图 2.6　提取的天花板和地板

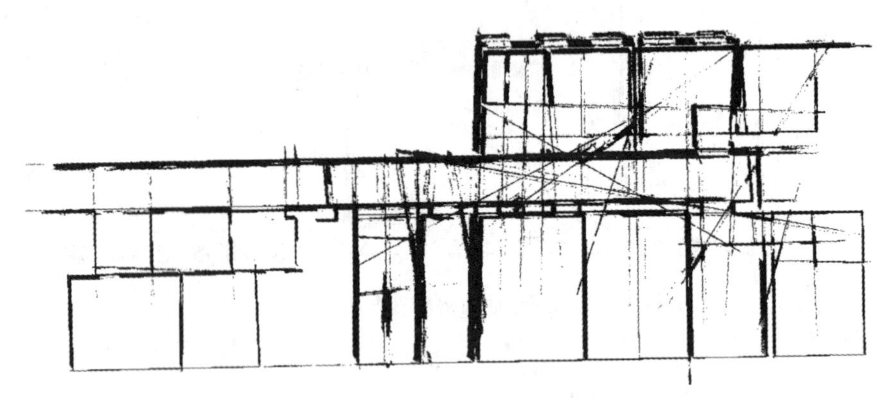

(a) RANSAC 提取的初始化墙面

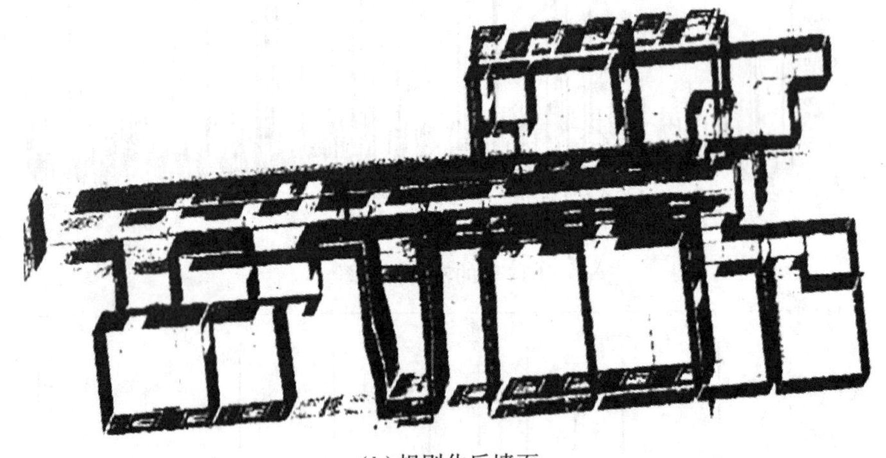

(b) 规则化后墙面

图 2.7　初始提取墙面的规则化

2.2.3　基于几何结构层次关系的室内开口要素提取

由室内场景几何层次结构关系可知，窗户和门是附着在墙面上的，位于墙面点云的孔洞。因此，从提取的墙平面结构中提取"轮廓"位置，并根据语义约束进行分类识别，得到室内场景实例化门和窗户。

提取的垂直墙面结构如图2.7(b)所示，利用投影变换将三维平面转换成二维局部平面，转换公式为(2.1)：

$$\begin{cases} \boldsymbol{X}_v = \dfrac{(0,0,1)\times(n_x,n_y,n_z)}{|(0,0,1)\times(n_x,n_y,n_z)|}, \boldsymbol{Y}_v = \dfrac{X_d \times (n_x,n_y,n_z)}{|X_d \times (n_x,n_y,n_z)|}, \boldsymbol{Z}_v = (n_x,n_y,n_z)^{\mathrm{T}} \\ \boldsymbol{T} = (X_v,Y_v,Z_v),(x,y,z)\cdot \boldsymbol{T} = (x_2,y_2,z_2) \end{cases} \tag{2.1}$$

式中，(n_x, n_y, n_z) 是三维平面的法向量，$\boldsymbol{X}_v$，$\boldsymbol{Y}_v$，$\boldsymbol{Z}_v$ 是三维平面坐标向量，其构成的转换矩阵为 $\boldsymbol{T}$，(x, y, z) 是三维平面坐标，(x_2, y_2) 是转换后的二维平面坐标，z_2 是平面深度。

将二维局部墙平面转化为二值图像，利用轮廓检测和模板匹配进行门和窗户的提取。首先，给定格网边长 g_s，将二维平面进行栅格化，其中格网的边长接近并略大于点密度，以保证所提取门窗的精度；若每个格网内的点数量大于阈值，像素值为0，否则为1，得到的二值图像如图2.8所示。同时，利用形态学腐蚀变换对二值图像进行滤波去噪。针对得到的墙面图像，采用图像学 find-contours 方法[141]提取轮廓结构，得到独立的轮廓点集合；然后，计算每个轮廓的包围盒，基于包围盒的长度和宽度将其分类为门、窗户或无效区域。由于室内噪声多、结构复杂，会出现漏提的无效区域，无效区域视为被遮挡或未探测开口的空洞。针对无效区域，采用模板匹配的方法[142]探测未检测到的开口，示意图如图2.9(a)所示。在待检测的图像，从左到右，从上到下计算模板图像与重叠子图像的匹配度，如公式(2.2)，T 为模板图像，I 为待匹配图像，对于 T 覆盖在 I 上的每个位置，计算像素值的标准平方差，将结果保存在结果图像 R 中，R 值越小，匹配程度越大，两者相同的可能性越大。在墙面二值图像中，利用已探测的门或窗户作为模板(圆圈)探测未检测到的开口，示意图如图2.9(b)所示。最终，将检测到开口的二维局部坐标转化为三维的全局坐标，结果如图2.9(c)所示，可以发现提取的开口位置和边界信息非常准确。

$$R(x, y) = \frac{\sum_{x'y'}[T(x', y') - I(x'+x, y'+y)]^2}{\sqrt{\sum_{x'y'}T(x', y')^2 \cdot \sum_{x'y'}I(x'+x, y'+y)^2}} \tag{2.2}$$

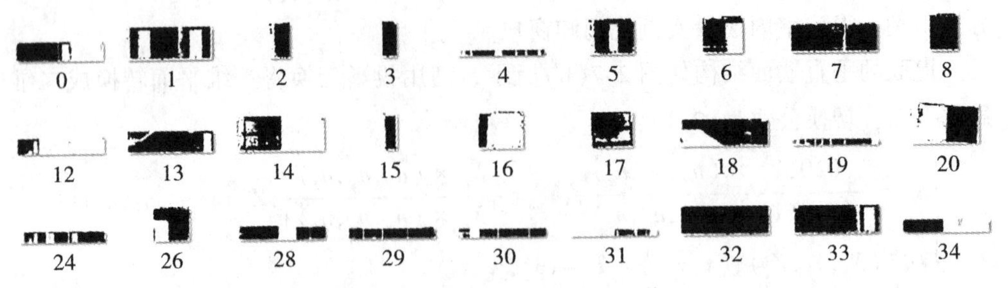

图 2.8　墙面转化为二进制图像

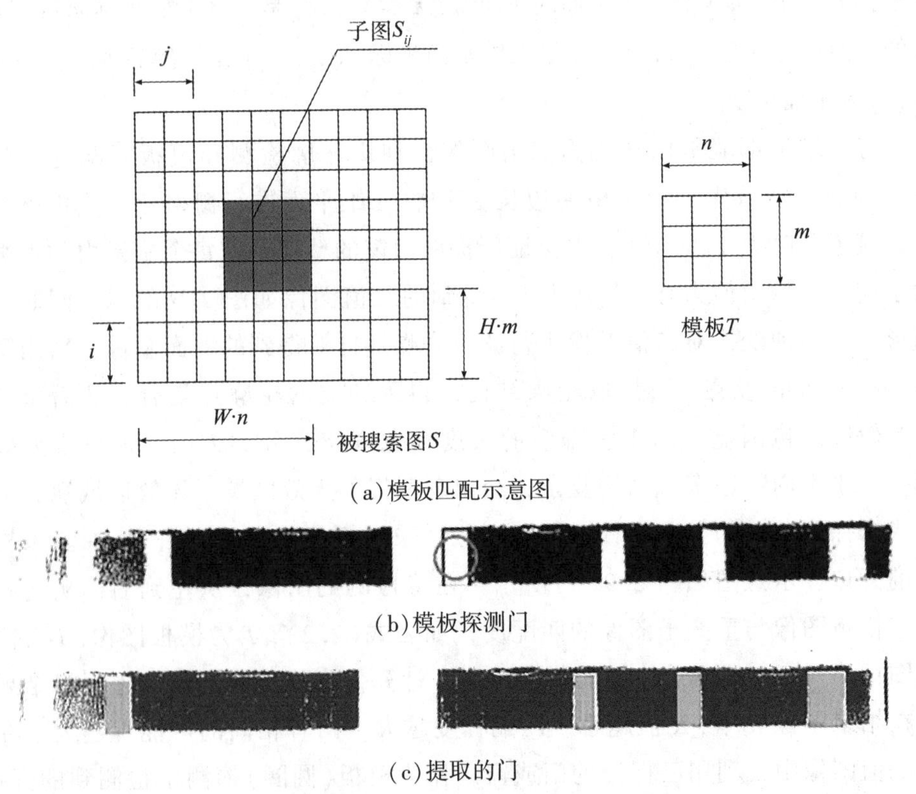

(a)模板匹配示意图

(b)模板探测门

(c)提取的门

图 2.9　利用模板匹配检测开口

室内场景中的柱子检测方法与其类似，对场景水平切片的二值图像进行边缘检测，检测出局部区域边缘信息，通过判断局部区域的长度和宽度值来确定候选柱子。对候选柱子的边界点云，进行垂直方向区域增长；将候选柱子区域与原始点云叠加，若位置一致，则将柱子单体化，提取结果如图 2.10 所示。

(a)二值图像中的边缘检测

(b)单体化的柱子

图 2.10 基于图像边缘检测提取室内场景柱子

2.3 基于规则面要素的室内模型重建基本方法

在重建室外建筑物屋顶模型中，通常提取精细建筑物的平面基元[16,137]，这些几何基元具有邻接、包含、平行、垂直、对称等拓扑关系，通过这些拓扑关系和人类对客观世界中的感知来引导重建建筑物结构化模型，重建不同建筑物的屋顶结构模型如图 2.11 所示。然而，由于室内环境较为复杂，包含大量的物品以及多层、多邻接关系的房屋，仅仅通过几何基元之间的拓扑关系并不能重建室内结构化模型。针对曼哈顿世界规则的室内房屋，以图割能量函数优化理论为基础，介绍并实现传统的基于规则面要素的室内建模方法[79]，同时，利用三组 ISPRS 测试数据来验证算法的性能。

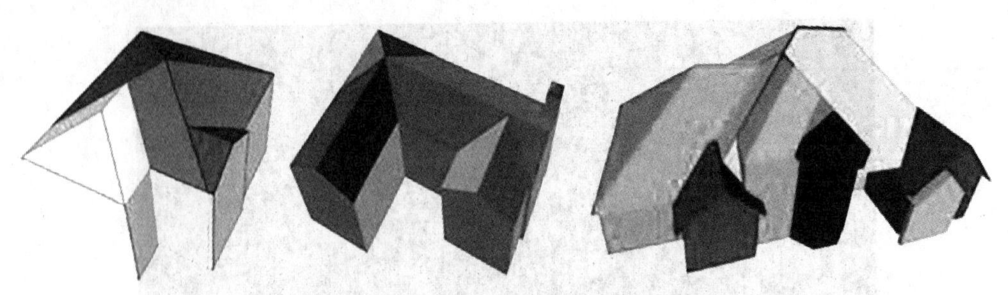

图 2.11　不同建筑重建的屋顶结构模型[16]

2.3.1　图割能量优化理论

图割是组合图论的经典算法之一。近年来，许多摄影测量与计算机视觉的学者将其应用到几何基元提取、立体匹配、图像分割、模型重建中，并取得了很好的效果。

图像的分割过程中，可以应用图割理论中图的最小割(min cut)算法[143]。首先，将待分割的图像视为带权的无向图 $G < V, E >$，其中，图中的每个像素视为图的节点 $n \in V$，相邻像素之间的连线视为图的边 $e \in E$，边的权重对应于相邻像素之间的相似值。此外，有两类顶点 S 和 T 被加入到图割的图中，分别代表图将被划分的类别，称为前景目标与背景目标。待分割的图中所有的顶点都必须与顶点 S 和 T 相连接，并增加了连接图的边。因此，图中有两种顶点和边，第一种顶点与边代表图像中每个像素点及相邻像素的连接关系；第二种顶点与边代表图像中每个像素点与这两类顶点 S 和 T 之间的连接边。图割能量优化的示意图如图 2.12 所示。

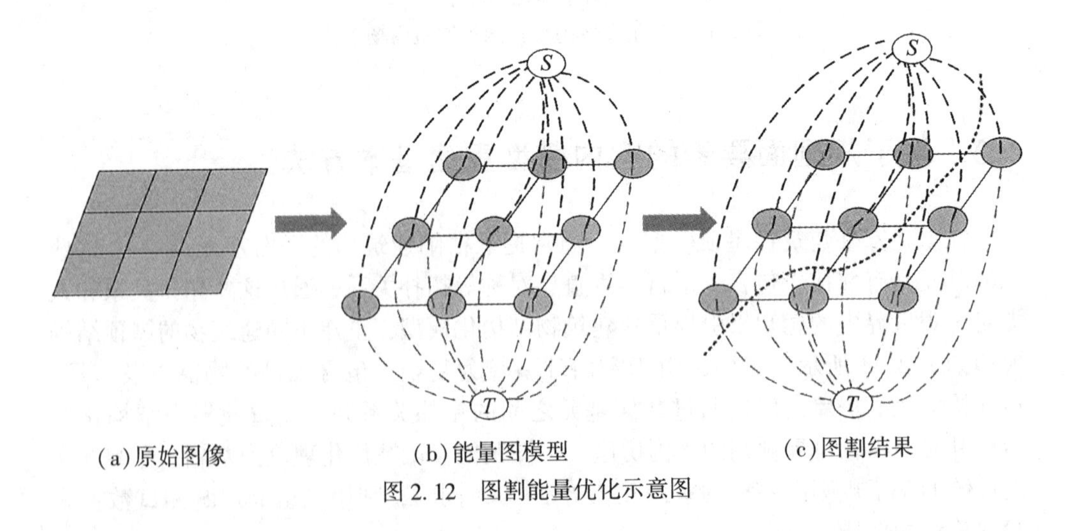

图 2.12　图割能量优化示意图

图割中每条边都有一个权值 w_e（大于 0），视为能量函数优化的代价值，图割中的割就是所对应边的集合，对应的代价值是各边权值之和。因此，将图割中的割所对应的边断开，就是将图像分割出两类，当所割边的权值之和为最小，优化结束，由此，该方法称为最小割。该算法的求解可通过 Boykov 和 Kolmogorov 提出的最大流和最小割(max-flow/min-cut)[143]，其中最大流和最小割是等同的。通过最小割将图的顶点划分为两个不相交的子集 S 和 T，$S \cup T = V$，$S \cap T = \varnothing$，图中边的权值就决定了分割结果，最终，图像中每个像素所分割的标签 label 为 $L = \{l_1, l_2, \cdots, l_p\}$，其中 l_i 为0(背景)或者1(目标)，当图像的分割为 L 时，图像的能量可以表示为公式：

$$E(L) = \lambda R(L) + B(L) \tag{2.3}$$

式中，$R(L)$ 为数据项，$B(L)$ 为光滑项，λ 是数据项和光滑项之间的权值因子，该值的大小决定了对能量优化的影响程度。

数据项：$R(L) = \sum R_p(l_p)$，其中，分量 $R_p(l_p)$ 是像素 p 被分配标签 l_p 的惩罚值，$R_p(l_p)$ 能量项的权值是指像素 p 被分配标签 l_p 的概率值，当像素 p 属于标签 l_p 的概率越大，其惩罚值越小。因此，为了计算方便，计算概率的负对数值，如果全部像素都被正确划分，则能量值是最小的。

平滑项：

$$B(L) = \sum_{\{p,\ q\} \in N} B_{<p,\ q>} \cdot \delta(l_p,\ l_q),\ \delta(l_p,\ l_q) = \begin{cases} 0, & l_p = l_q \\ 1, & l_p \neq l_q \end{cases} \tag{2.4}$$

式中，p 和 q 是相邻像素，$B_{<p,\ q>}$ 可以解析为像素 p 和 q 之间不连续的惩罚，若 p 和 q 越相似，$B_{<p,\ q>}$ 越大；反之，$B_{<p,\ q>}$ 接近于0。如果两个邻域像素差别较小，那么它们属于同一个对象的概率越大，因此被分割的几率越小，如果两个像素值差别较大，它们很有可能属于同一图像的边缘，因此，被分割的机会很大，所以 $B_{<p,\ q>}$ 值越小。

其中，在 $L = \{l_1, l_2, \cdots, l_p\}$ 中，当 $n = 2$ 时，利用最大流/最小割算法可以有效地解决二值标签的最优化问题，当 $n > 2$ 时，将该优化问题视为多标签图割，如图2.13所示。

然而，针对多标签优化问题，最大流和最小割的优化算法难以被直接求解最小值，为此，Boykov 和 Kolmogorov[144-145]等提出了扩张运动(α-expansion)和 $\alpha - \beta$ 交换($\alpha - \beta$ swaps)算法来解决多标签图割优化问题。核心思想是将多个标签的优化问题转换为一系列二值标签能量优化问题，并且针对每个二值分割都通过最大流/最小割算法求解能量函数的最小化。多标签图割优化方法与模拟退火算法类似，都是通过优化能量最小化为终止条件，不断地改变数据的标签值。然而，模拟退火算法在每次能量函数最小化时，只改变一个数值的标签；多标签图割可以改变多个数据的标签值，更改标签的数据集通过最大流-最小割计算实现二进制能量函数最小化的求解。图2.14所示的是三种多标签图割优化策略，图(a)到(b)是标准的优化过程，每次仅改变单个标签，图(a)到(c)为 $\alpha - \beta$ swaps 的优化过程，图(a)到(d)

为 α -expansion 的优化过程。

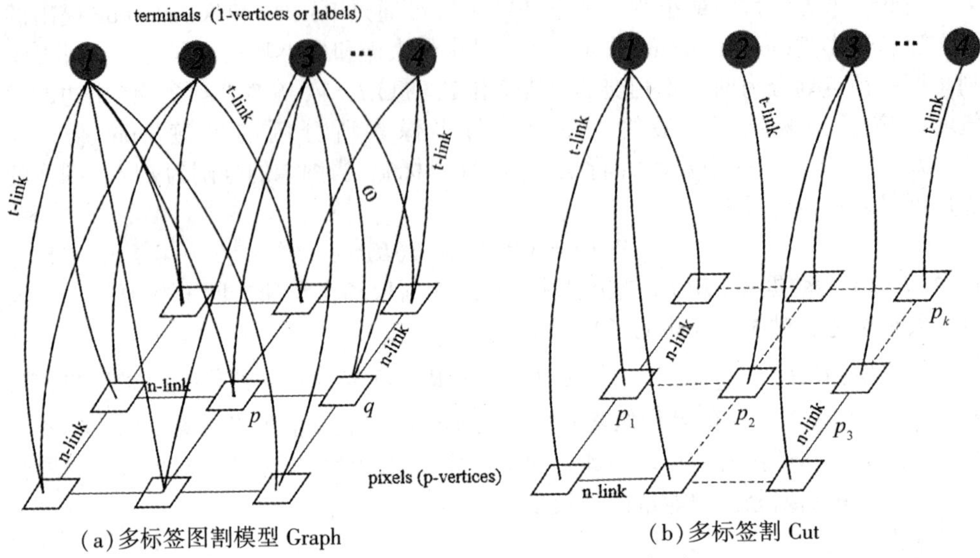

(a)多标签图割模型 Graph (b)多标签割 Cut

图 2.13 多标签图割优化原理示意图

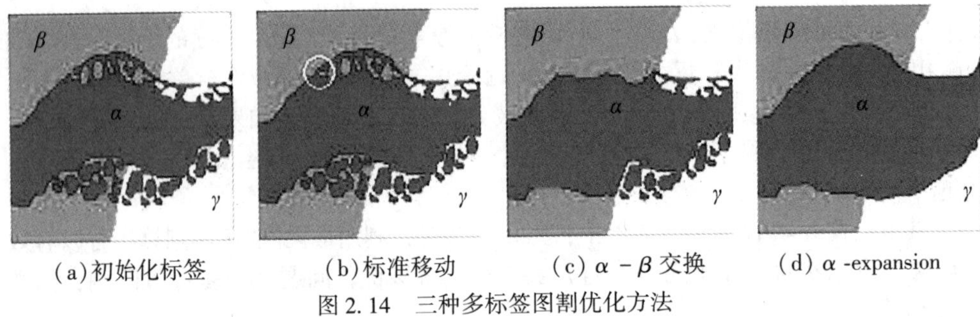

(a)初始化标签 (b)标准移动 (c) $\alpha-\beta$ 交换 (d) α -expansion

图 2.14 三种多标签图割优化方法

通过多标签图割标签优化后，数据的标签将被重建安排，同时在初始化标签集中的某些标签也可能被优化删除。因此，在数据标签优化过程中，希望能用最少的标签来拟合或表达输入的数据，在多标签图割能量方程达到最小化的过程中，除了数据点会被重新赋值新的标签外，其数据的标签结果更为接近真实值。其中，能量函数的平滑项必须满足以下条件：

$$\begin{cases} V(\alpha, \beta) = 0 \Leftrightarrow \alpha = \beta \\ V(\alpha, \beta) = V(\beta, \alpha) > 0 \\ V(\alpha, \beta) \leqslant V(\alpha, \gamma) + V(\gamma, \beta) \end{cases} \tag{2.5}$$

式中，α，β，γ 是数据的标签，相对于二进制图割，多标签图割算法更能处理复杂场景中二维像元或者三维点云的标签问题。

2.3.2 基于规则面要素的室内模型重建

在基于规则面要素的室内模型重建中，将提取的规则平面要素作为几何约束；假设已有房屋分割结果，并将其作为语义约束；通过多标记图割能量函数最小化完成空间标签划分，以此重建室内三维模型。

首先，垂直的墙面投影到二维水平面，拟合为线要素，将二维平面划分为二维格网 $c_i \in \{c_1, \cdots, c_n\}$，如图 2.15(a)所示。同时，分割的单个房屋 $R = \{R_1, \cdots, R_{\mathrm{Nrooms}}\}$ 作为语义标签，投影到二维平面，如图 2.15(b)所示，每个格网被分配以下标签 $\{l_1, \cdots, l_{\mathrm{Nrooms}}, l_{\mathrm{out}}\}$，其中包括分割的房屋和室外；提取的墙面被用来分隔相邻房屋的格网。

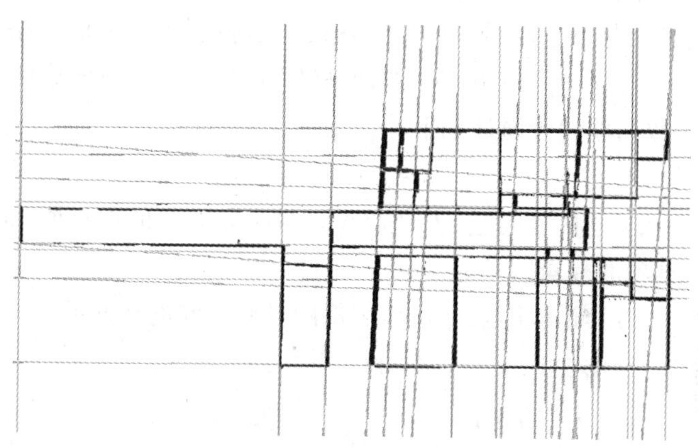

(a)提取的墙面投影到二维水平面，拟合为线要素

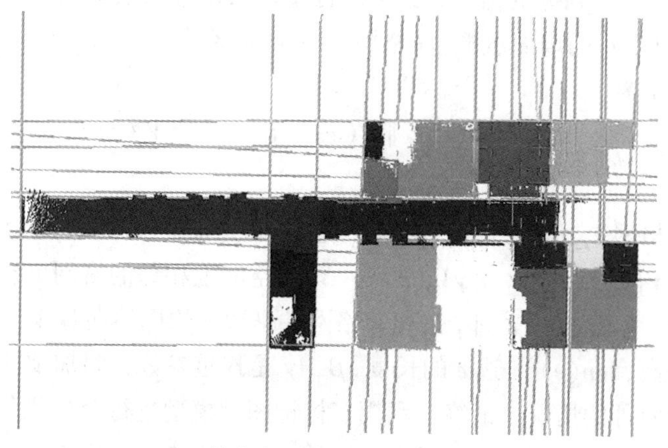

(b)单个房屋点云投影到水平面

图 2.15　分割的平面和单个房屋作为几何和语义约束

在几何要素和语义信息的约束下，通过构建多标记图割能量函数模型[79]，实现格网标签的自动优化，因此，能量函数表达如下：

$$E_{\text{label}}(L) = E_{\text{data}}(L) + E_{\text{smooth}}(L) \tag{2.6}$$

能量函数定义为数据项和光滑项，数据项 $E_{\text{data}}(L)$ 用来惩罚格网单元与标签值的数据不一致性，主要度量每个格网被不同标签点云的覆盖情况，为格网分配正确的房屋标签；光滑项 $E_{\text{smooth}}(L)$ 用来惩罚相邻格网具有不同标签的平滑代价值，选择适当的边划分不同标签的格网。

数据项：E_{data} 是一元函数 $D_c(l_c)$ 之和，表示每一个格网 $c_i \in \{c_1, \cdots, c_n\}$ 被分配标签 $l_c \in \{l_1, \cdots, l_{\text{Nroom}}, l_{\text{out}}\}$ 的代价项，其表达式为：

$$E_{\text{data}}(L) = \sum_{c \in c\{1, \cdots, n\}} D_c(l_c) \tag{2.7}$$

式中，$D_c(l_c)$ 是用来描述格网被分类标签的准确程度，即格网属于标签 l_c 的可能性越大，$D_c(l_c)$ 的值会越低。将分割的单个房屋点云投影到水平面，格网的标签根据点云的标签 $\{l_1, \cdots, l_{\text{Nroom}}\}$ 来确定，如果格网中没有点，则该格网视为室外。因此，任意格网的数据项代价设计如下：

$$D_c(l_c) = \alpha \cdot \text{area}(s) \cdot \| \boldsymbol{V}(s) - I_c \|_1 \tag{2.8}$$

式中，$\boldsymbol{V}(s)$ 是格网 s 的标签向量，I_c 是格网 s 对应标签 l_c 的理想值，$\text{area}(s)$ 是格网的面积，α 是数据项的权重因子。

平滑项：$E_{\text{smooth}}(L)$ 是被用来惩罚相邻格网具有不同的标签的平滑代价，其是二进制函数 $R_{c,d}(l_c, l_d)$ 之和，$E_{\text{smooth}}(L)$ 函数定义为：

$$E_{\text{smooth}}(L) = \sum_{(c, d) \in \{1, \cdots, n\}} R_{c,d}(l_c, l_d) \tag{2.9}$$

式中，c，d 是被边 e 划分的格网，边 e 的标签向量由墙面投影点的标签所确定，如果该边被标签 l_c，l_d 的墙面点拟合（格网 c，d 的标签为 l_c，l_d），$E_{\text{smooth}}(L)$ 的值会很小，二进制代价为：

$$R_{c,d}(l_c, l_d) = \begin{cases} \beta \cdot \text{len}(e)(\| \boldsymbol{V}(e) - I_{cd} \|_1 + \gamma V_0(e)), & (l_c \neq l_d) \\ 0, & (l_c = l_d) \end{cases} \tag{2.10}$$

在相邻的格网 c，d 中，若 $l_c = l_d$，则 $R_{c,d}(l_c, l_d) = 0$，否则为 $R_{c,d}(l_c, l_d) = \beta \cdot \text{len}(e)(\| \boldsymbol{V}(e) - I_{cd} \|_1 + \gamma V_0(e))$，认为空间上相邻的格网更有可能属于同一个房屋标签中，$\| \boldsymbol{V}(e) - I_{cd} \|_1$ 是相邻格网共享边 e 的标签向量 $\boldsymbol{V}(e)$ 和理想值 I_{cd} 之间的欧氏距离，$\text{len}(e)$ 是边 e 的长度，β，γ 是权重参数，附加项的作用是惩罚边两侧的格网是室外的情况。最终，利用多标记图割模型进行全局优化，使得能量函数最小，将格网标记为不同房屋或室外标签。当每个格网的标签被确定，房屋的结构模型会被重建，每个房屋的墙面的中心线是用不同标签 l_c，l_d 的墙面点拟合，地

板和天花板的高程是由天花板和地板的水平面估计。当房屋墙面的中心线确定时，给定房屋模型的固定厚度值 m_T， 沿着中心线向两边分别延长厚度值的一半，生成具有厚度的墙体；地板和天花板分别沿着法向量向房屋外方向延长固定的厚度值，最终生成具有厚度的室内体模型。

2.3.3 实验验证与分析

为了验证重建室内三维模型基本方法的有效性，采用国际摄影测量与遥感学会(ISPRS)WG IV/5 “3D indoor modelling”的三份 benchmark 数据进行试验，本节将分别介绍实验数据、重建结果和实验分析。

2.3.3.1 实验数据

室内要素提取和模型重建一直以来都是摄影测量与遥感数据处理领域关注的热点问题之一，但由于彼此所使用的数据不同，不同算法之间的比较也是非常困难，无法评价算法的优缺点，并不能从算法本身提供指导性的意见，因此，国际摄影测量与遥感学会(ISPRS)WG IV/5“3D indoor modelling”提供了 5 个室内场景的 benchmark 点云，分别包括：TUB1、TUB2、Fire Brigade、UVigo 和 UoM[99]。为了验证室内结构要素提取和基于面要素的室内模型重建的方法，从中选择了三份典型规则房屋的点云(TUB2、UVigo 和 UoM)进行实验，数据如图 2.16(a)(b)(c)所示。

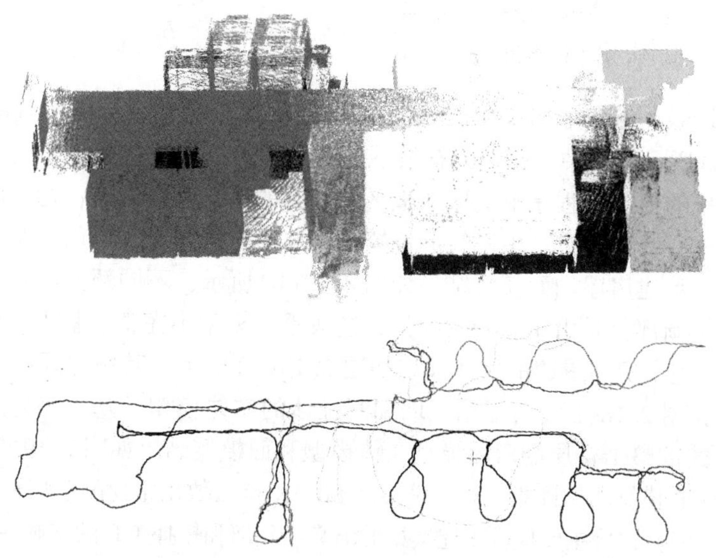

(a)ZEB-REVO 手持激光扫描设备采集的 TUB2 激光点云和轨迹点数据

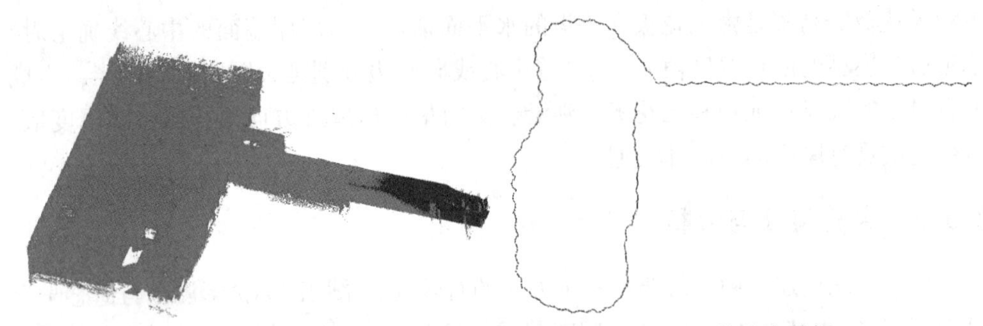

(b) UVigo 背包激光扫描设备获取的 UVigo 激光点云和轨迹点数据

(c) ZEB 1 手持激光扫描设备获取的 UoM 激光点云和轨迹点数据

图 2.16　三份实验数据

2.3.3.2　实验结果与分析

基于手持激光点云数据 TUB2，重建的一层、二层和整个室内场景的实体模型如图 2.17(a)所示。其中，每个天花板下部的高程由提取天花板平面点云的平均高度确定；地板的上部高程是由提取地板平面点云的平均高度确定；每个墙体是给定厚度和一个中心线所确定，中心线的位置是由墙面点云拟合，然而，实际的墙体是不同厚度的。重建房屋的面模型结果如图 2.17(b)所示，不同颜色代表不同的房屋模型；其中圆圈部分是由于点云的缺失，造成重建模型不完整。基于背包激光点云数据 UVigo，整个房间重建的实体模型如图 2.18(a)所示，其中包括一个房间和一个入口大厅，图 2.18(b)(c)显示了墙和圆柱体的实体模型。基于手持激光点云数据 UoM，重建的整个楼层的房屋模型、体模型和面模型结果如图 2.19 所示。

为了评价建模算法的性能，对三份移动 LiDAR 点云数据重建的模型结果进行定量和定性评价。定性评价主要检查重建模型的语义、几何和拓扑关系的准确性。定量评价主要对比参考模型 R 和重建模型 S (称为源模型)的召回率、精确度和 F1-score[145]。

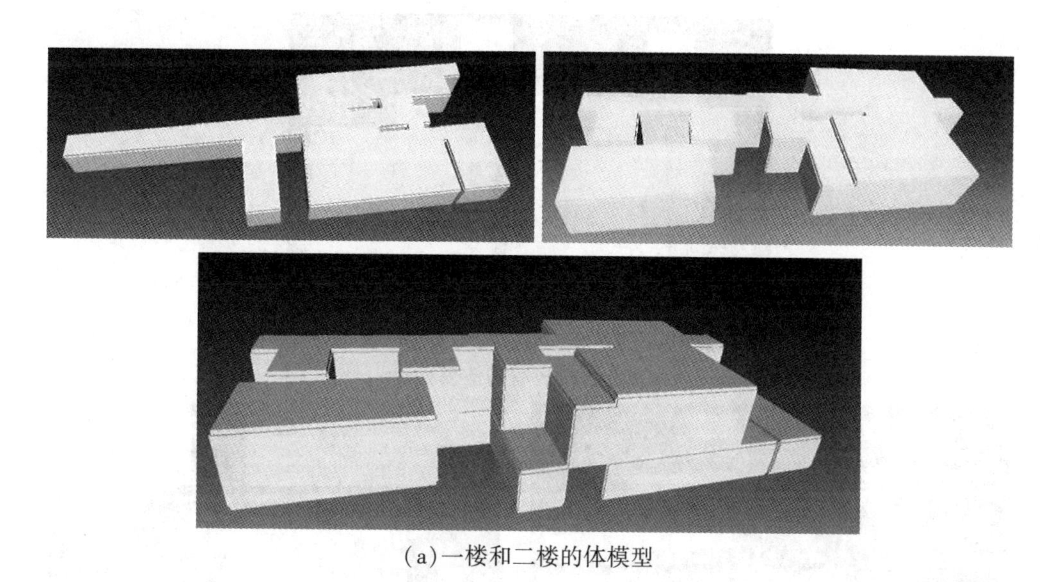

(a)一楼和二楼的体模型

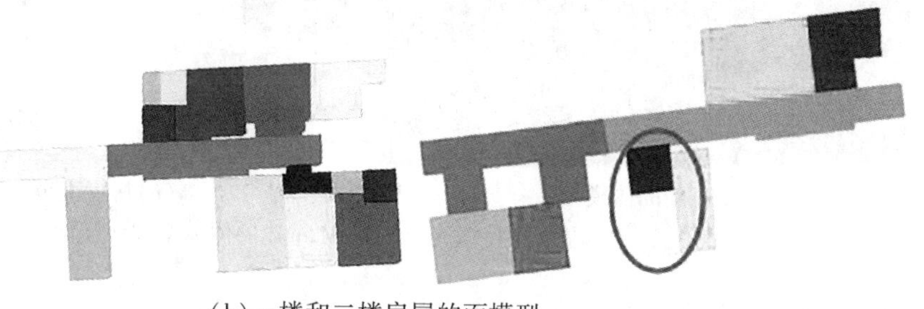

(b)一楼和二楼房屋的面模型

图 2.17　基于手持激光点云 TUB2 重建多层楼、多房屋的体模型和面模型

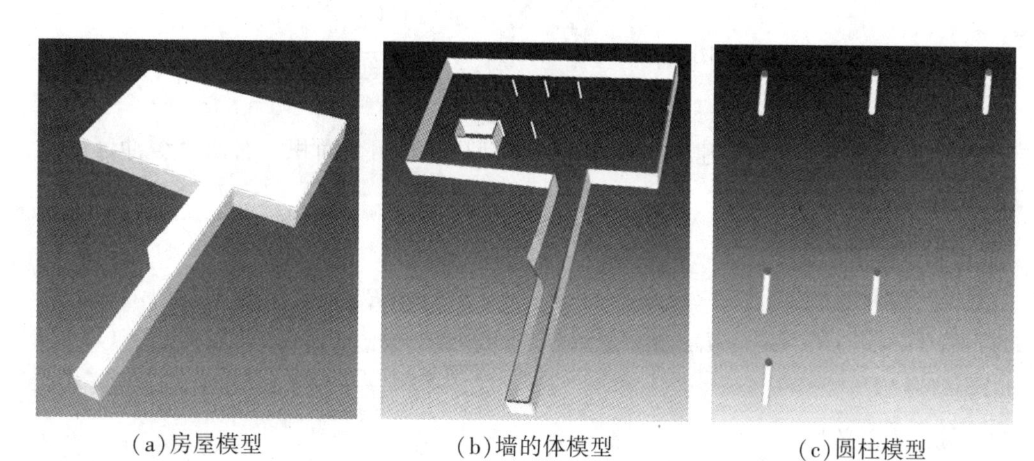

(a)房屋模型　　(b)墙的体模型　　(c)圆柱模型

图 2.18　背包激光点云 UVigo 重建的体模型

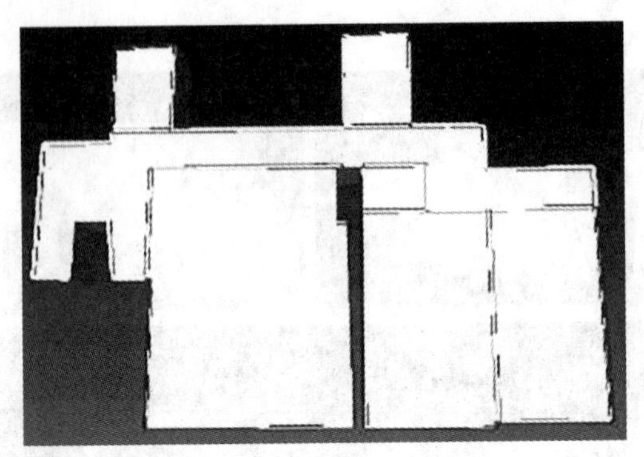

(a)整个房屋的体模型

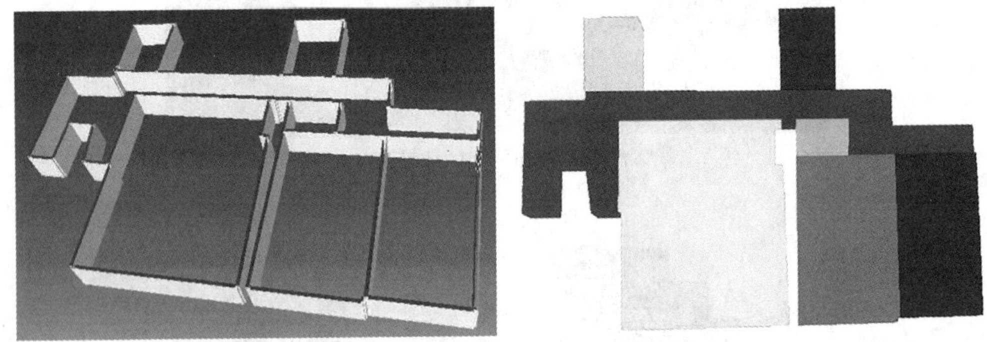

(b)墙的体模型　　　　(c)房屋面模型

图2.19　基于手持激光点云UoM重建的体模型和面模型

召回率定义如下：

$$M_{\text{Recall}}(b)=\frac{\sum_{i=1}^{n}\sum_{j=1}^{m}|S^{i}\cap b(R^{j})|}{\sum_{j=1}^{m}|R^{j}|} \tag{2.11}$$

式中，$|S^{i}\cap b(R^{j})|$ 为重建模型 S^{i} 和参考模型 R^{j} 的相交面积，召回率缓冲区的尺寸为 b。

精确度被定义为：

$$M_{\text{Precision}}(b)=\frac{\sum_{i=1}^{n}\sum_{j=1}^{m}|S^{i}\cap b(R^{j})|}{\sum_{i=1}^{n}|S^{i}|} \tag{2.12}$$

F1-score被定义为：

$$M_{F1-\text{score}}(r)=\text{Med}\,\|\pi_{j}^{\text{T}}p_{i}\|\,,\ if\,\|\pi_{j}^{\text{T}}p_{i}\|\leqslant r \tag{2.13}$$

式中，$\|\pi_{j}^{\text{T}}p_{i}\|$ 是重建模型的顶点 p_{i} 与参考模型对应平面 π_{j} 的垂直距离，r 是界限

值(cut-off)，为了避免异常值的影响，使用绝对中值距离测量精度度量。

对于手持激光点云 TUB2 重建模型，定性评价如图 2.20(a)所示，可以发现重建的模型与点云套合；同时，以可视面参考模型为基础，对重建模型在 10cm 缓冲区的召回率、精确度，以及 1~15cm 界限值范围内的 F1-score 进行了定量评价，结果如图 2.20(b)~图 2.20(f)所示。

对于一楼重建模型，如图 2.20(b)显示了在较小缓冲区下，重建地板和天花板模型有较高召回率和精确值，分别为 61%和 86%；然而，当缓冲区为 10cm 时，墙面模型的召回率和精确值分别为 43%和 61%。如图 2.20(f)所示，在 1~15cm 界限值下墙面模型的 F1-score 为 7.5cm，精度值均低于地板和天花板的 F1-score 2cm。主要原因是墙面模型是由内墙和外墙的平均位置确定，参考模型是基于内墙的可视面，因此，7.5cm 的 F1-score 接近于真实墙厚度的一半；天花板和地板面模型是由提取天花板和地板表面点云确定。如图 2.20(b)和图 2.20(f)所示，门和窗户的模型获得很低的召回率(18%)、精确度(20%)和 F1-score(6.5cm)，主要原因是玻璃材质的窗户以及不完整墙面附近的点云有随机噪声。图 2.20(d)显示了二楼面模型的召回率和精确度，模型结果优于一楼的面模型，主要是因为二楼房屋少、结构较为简单。如图 2.20(c)和图 2.20(e)可视性分析所示，大多数重建模型的召回率和精确度在 60%以上，有少数低于 30%。因此，实验结果表明：该方法可较好地重建室内模型。

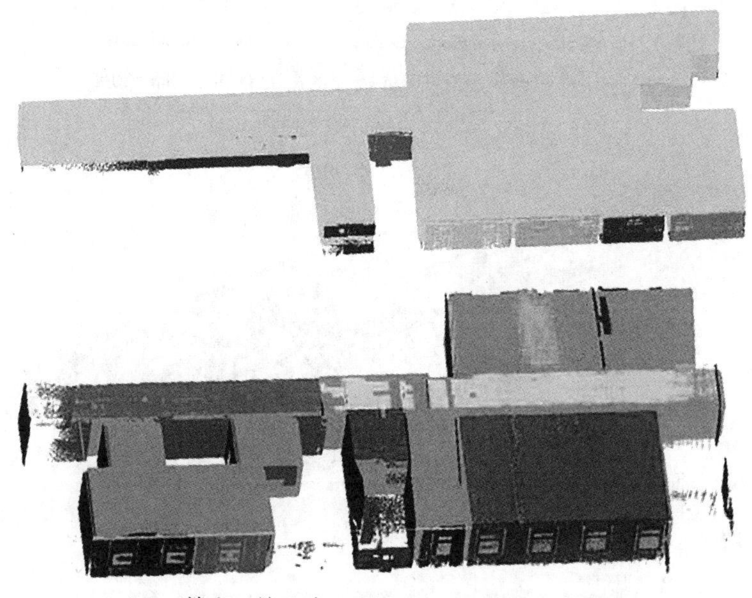

(a)一楼和二楼重建三维模型与分割房屋点云套合

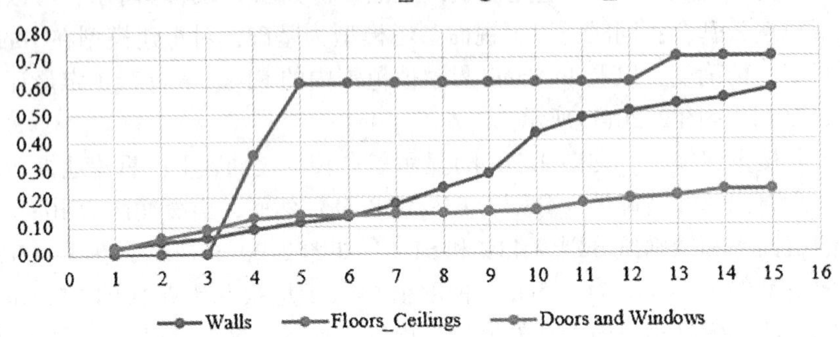

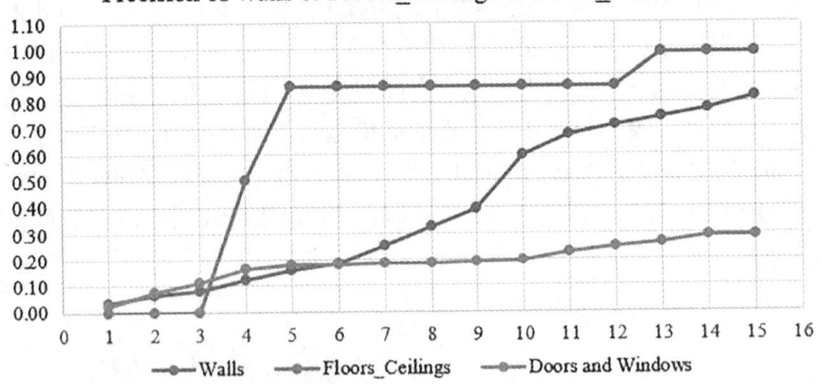

(b)一楼重建面模型在 10cm 缓冲区下的召回率和精确度

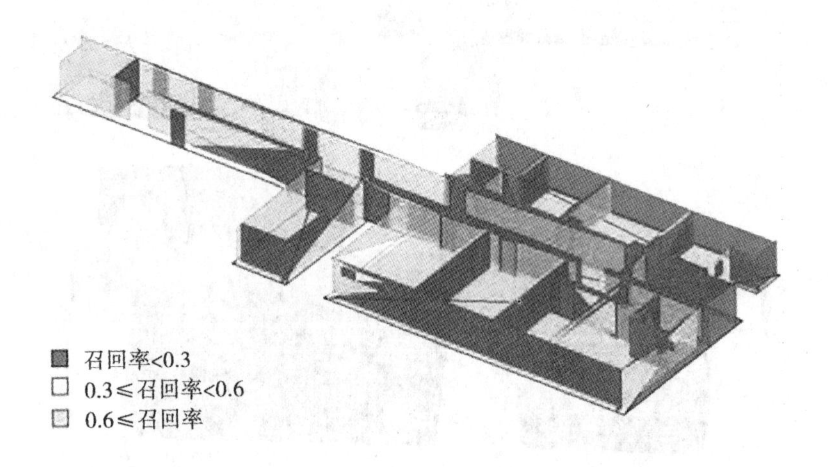

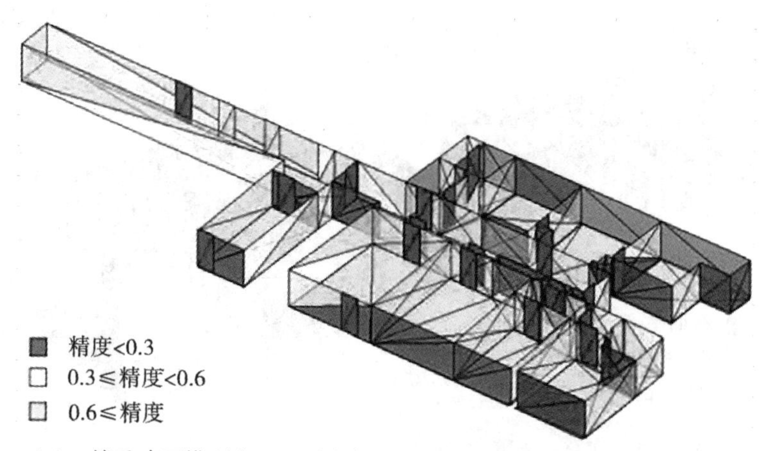

(c)一楼重建面模型在 10cm 缓冲区下的召回率和精确度的可视化结果

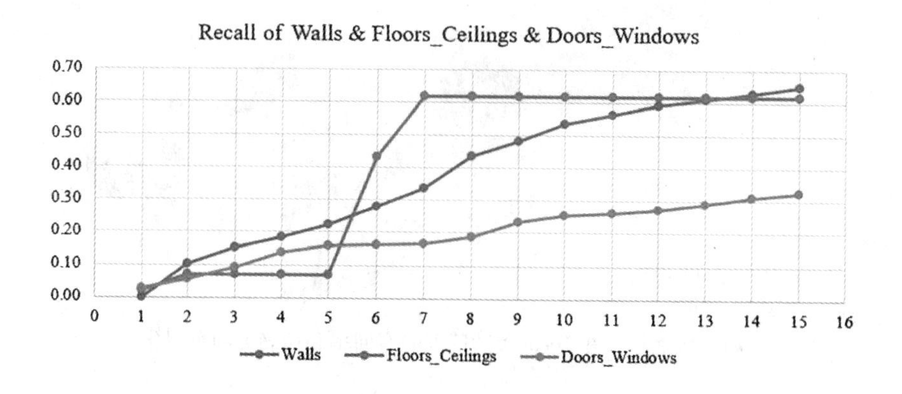

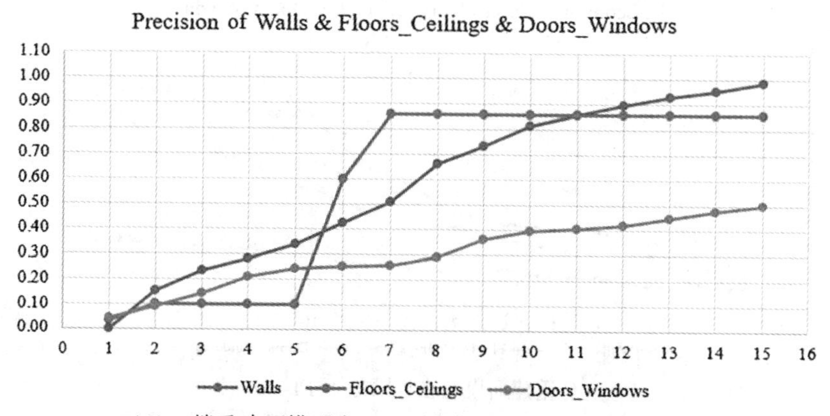

(d)二楼重建面模型在 10cm 缓冲区下的召回率和精确度

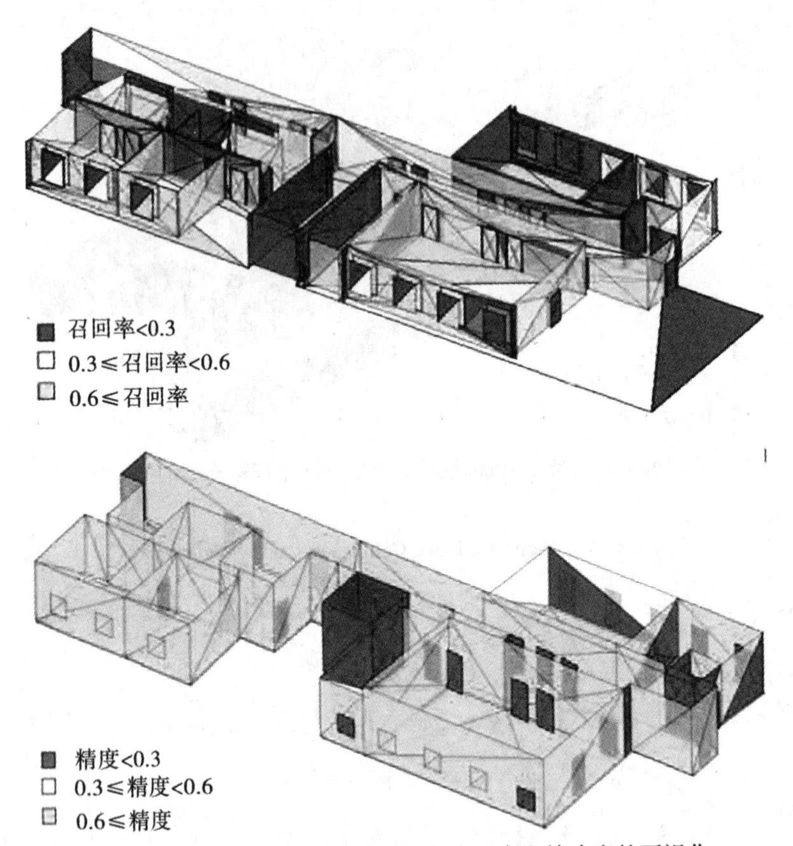

(e)二楼面模型在 10cm 缓冲区下的召回率和精确度的可视化

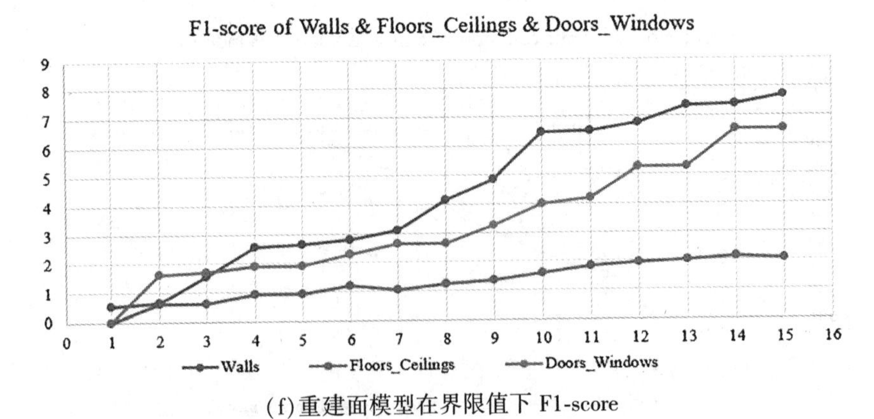

(f)重建面模型在界限值下 F1-score

图 2.20　基于激光点云数据 TUB2 重建模型的定性和定量评价

对于噪声较大、点云稀疏的 UVigo 数据，模型结果的定性评价如图 2.21(a)和图 2.21(b)所示，提取的门、圆柱、重建的模型与点云基本匹配。对于 UoM 数据，提取的门、墙、模型结果与点云匹配结果如图 2.21(c)和图 2.21(d)所示。重建的室内模型可以较准确地表达室内空间形态。

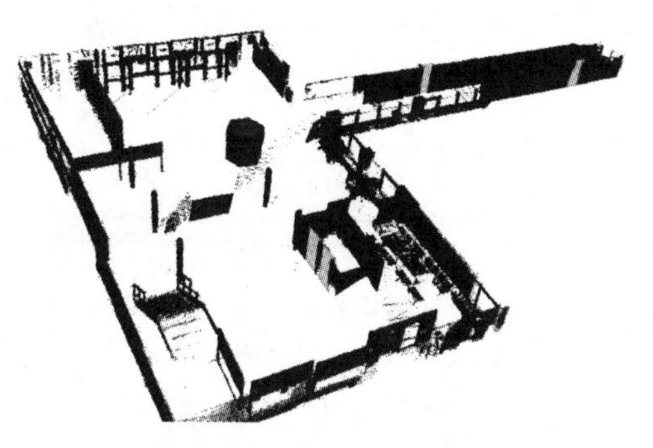
(a)提取的门和圆柱与点云套合结果

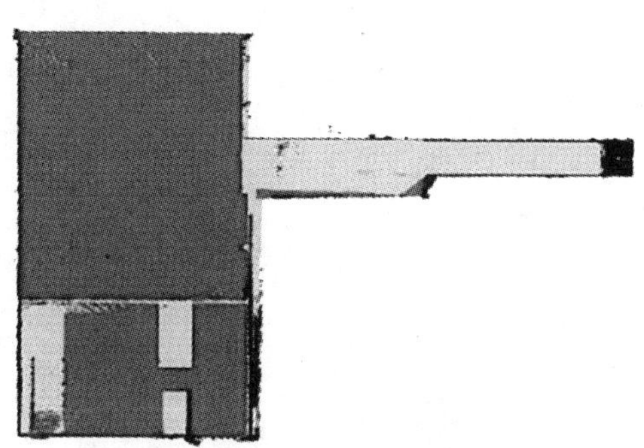
(b)激光点云数据和重建模型的套合结果

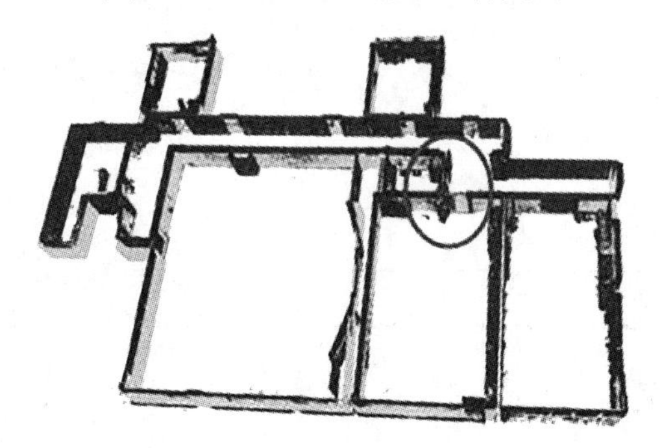
(c)重建的门、窗户与原始点云的套合

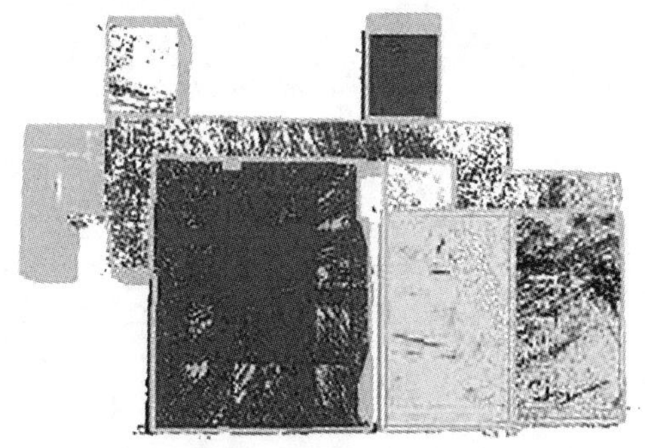
(d)重建模型与原始点云一致套合

图 2.21　基于激光点云数据 UVigo 和 UoM 重建模型的定性评价

由此，根据以上实验结果和分析，可以发现：基于传统规则面要素的建模方法可以自动化重建多层、多房屋室内场景的体模型。然而，重建的体模型是由给定厚度的墙体构成，与实际情况有一定的偏差。

2.4　本章小结

本章主要介绍了移动 LiDAR 点云数据、室内模型重建的基本方法以及相应的实验结果。具体内容包括以下几个方面：首先，介绍了室内移动 LiDAR 测量系统和采集的点云数据特点；其次，提出了顾及场景结构关系的室内基本结构要素提取方法，实现了基于规则面要素的室内模型重建；最后，利用三组 ISPRS 测试数据来验证算法的性能，对建模结果进行定量和定性的分析。实验表明，基于规则面要素的室内建模方法可以很好地重建曼哈顿世界的房屋模型，并不能重建更复杂的异形房屋；同时重建的体模型具有固定厚度，有别于真实室内环境。后文将逐渐完善这些不足的地方，以提升建模算法的实用性和普适性。

第3章 融合语义约束和多标记图割的单房屋分割

随着室内位置服务的快速普及，室内三维模型是各类应用研究的基础。因此，室内三维空间数据的高效获取和高精度的室内三维模型重建显得尤为重要。目前，利用便捷式的移动测量系统采集到三维激光点云和移动轨迹点重建室内三维模型是具有现实性意义。

室内单房屋的空间划分亦是模型重建的前提和基础[139-140]，国内外学者在室内房屋分割方面提出了许多算法。传统的单房屋分割方法[78-81]是基于地面站激光扫描点云数据，其并不适用于移动测量设备采集的无序激光点云。近几年，有很多学者研究基于移动测量设备采集的室内激光点云进行房屋分割，其中包括：Díaz-Vilariño[86]、Ochmann[87]、Bormann[89]、李霖[90]等人。Díaz-Vilariño[86]在房屋分割中，主要依赖轨迹点扫描时间戳信息确定每个位置扫描点云，该方法严重依赖数据质量，仅被应用于简单的室内场景。Ochmann[87]提出了一种全自动房间分割方法，该方法利用光线追踪对平面中单元进行可视性分析构建扩散图，然后利用马尔可夫聚类对该图的节点进行聚类，仅仅考虑依赖点云的几何信息，各个房屋会有多个标签的点云簇，即产生过分割的情况。Bormann[89]介绍的形态学分割方法、基于距离变换的分割方法[89]，将整体点云转化为二值图像，并进行形态学腐蚀变换，通过连通性分析确定分离的空间。如果分离区域在最小和最大面积阈值之间，该区域被标记为标签房屋。然而，只考虑空间形态变换、最小和最大的面积阈值，会出现空间过分割和欠分割情况。距离变换的分割方法与形态学分割方法类似，易产生过分割和欠分割的结果。李霖[90]在此基础上进行了改进，考虑将门高至墙高之间的墙面点云作为语义约束条件，以此提升房屋分割的正确性。然而，该算法需要根据不同结构的室内环境，手动调整最小和最大的面积阈值，自动化程度低。

为弥补现有方法的不足，针对多层、多房屋、结构复杂的室内点云，本研究基于第2.3节提取的室内结构要素，以此作为几何和语义约束，模拟采样轨迹点的可视点云；基于相邻轨迹点的可视点云相似性和空间平滑性构建多标记图割能量函数，将无序点云分割为具有语义信息的单个房间，从而解决了室内空间过分割的问题。

3.1 室内单房屋分割方法

移动 LiDAR 测量设备是通过发射激光束采集目标表面的三维坐标，同时记录移动轨迹坐标的。根据该原理，利用光线追踪的方法模拟每个采样轨迹点的可视点云（不考虑轨迹点与原始点云的时间戳）。然后，利用门的位置限制可视点云的范围，并将轨迹点划分为初始化的轨迹段，同时结合每个轨迹段的可视点云作为初始分割（子空间）。根据室内场景理解：一个子空间只附属于一个房屋，一个房屋包含多个子空间，在相同的房屋中的轨迹点有相似的可视点云。因此，可以考虑基于相邻轨迹点的可视点云相似性和空间平滑性构建多标记图割能量函数，通过能量函数最小化将相似的可视点云进行自动化聚类，完成单个房屋的分割，这样不仅能有效解决较长走廊空间过分割的问题，同时无序的点云还具有了语义信息。

3.1.1 顾及场景约束的可视性分析

本书在模拟采样轨迹点的可视点云中，针对规则的室内房屋，基于分割后的平面进行可视分析，以减少数据量，提高运算效率。针对异形结构的室内环境，同时，移动 LiDAR 点云数据质量较差，很难准确提取场景的平面结构，若依赖提取平面进行可视性分析则不能保留整体场景空间信息，因此，本研究直接对原始点云进行可视性分析。

3.1.1.1 基于分割平面的点云可视性分析

模拟轨迹点的可视点云时，为了提高计算效率，采取以下方法：首先，在原始轨迹点中，每隔 t_n 个点采样一个轨迹点，如图 3.1(a)和图 3.1(b)所示。同时，将提取的平面划分为均匀格网，格网边长为 C_{2D}，用格网的中点代替平面点云，降低数据量。对于采样轨迹点，若格网是可视的，则格网中的点云就是可视点云。然而，针对无轨迹的移动激光扫描数据，可以仿真出扫描仪的候选位置。具体步骤如下：扫描仪的高程是由天花板和地板的平均高程确定的；水平位置是边长为 2m 均匀采样格网，且该位置与墙面距离为 1m，此为可导航区域，同时，保证每个房屋至少有一个扫描位置。

本研究利用光线追踪方法，对采样轨迹点和平面格网中心点进行可视性分析。如图 3.1(c)所示，连接轨迹点 p_1 和平面格网中心点 p_2 的射线 S，如果该射线 S 与其他平面相交，交点为 p_3；p_3 作为球体的中点，4 倍平面点密度作为球体的半径（不同扫描设备获得点云密度是不同的）；若球体中无点，则 p_2 所在格网中的点是可视的，否则不可视。如图 3.1(d)所示，若射线与其他平面都不相交，则格网中的点是可视的。模拟的三个轨迹点的可视点云结果(三种不同颜色)，如图 3.1(e)所示。

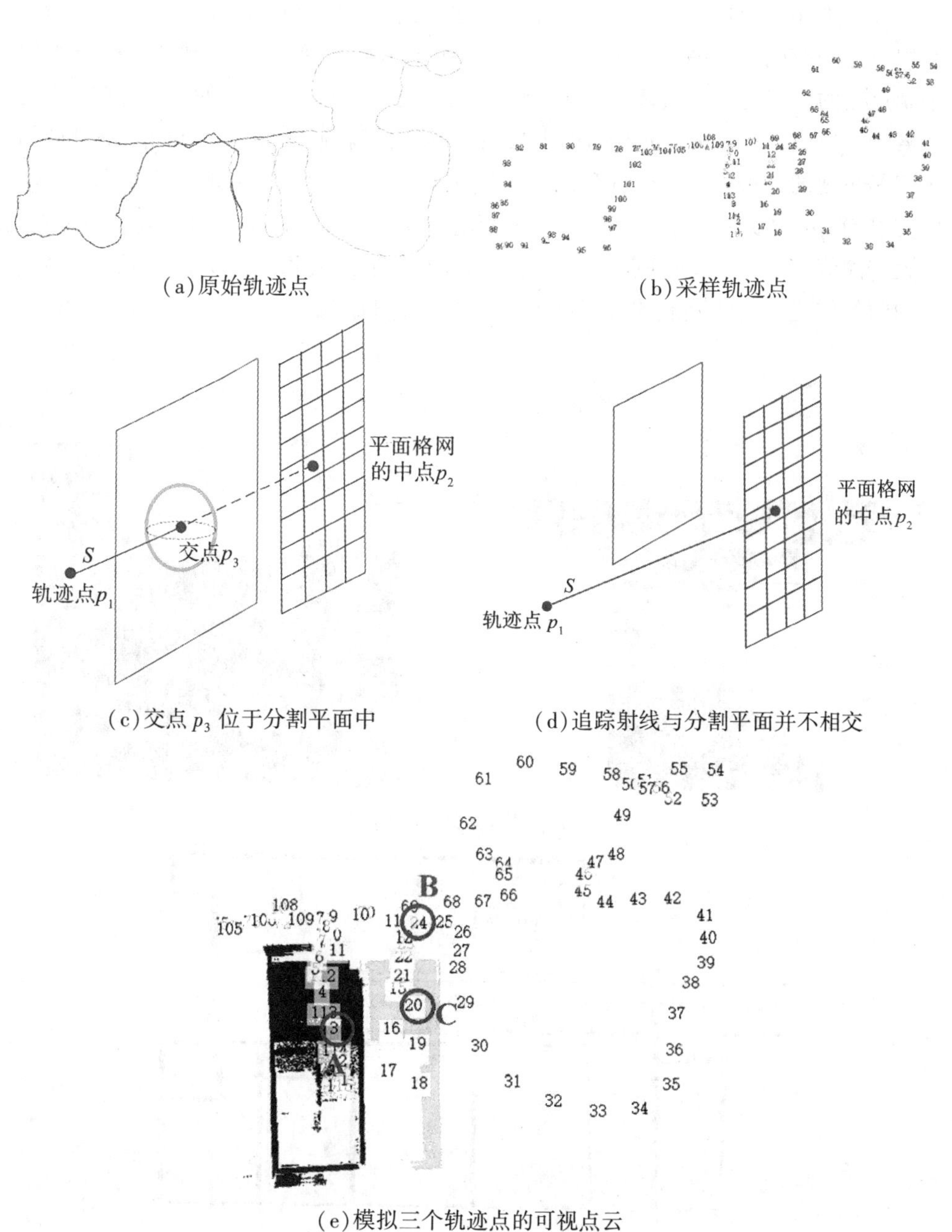

(a)原始轨迹点　(b)采样轨迹点

(c)交点 p_3 位于分割平面中　(d)追踪射线与分割平面并不相交

(e)模拟三个轨迹点的可视点云

图 3.1　轨迹点可视性分析示意图

模拟轨迹点的可视点云时，房屋的门是敞开，使得位于走廊轨迹点的可视点云覆盖不同房屋，如图 3.1(e)所示。类似的，图 3.2(a)显示了门附近轨迹点的可视点云。通常在室内场景中，一个房屋包含多个门(图 3.2(b))，门可以被用来限制可视点云的范围。如图 3.2(c)所示，对于每个采样轨迹点 p_k，判断它的可视门，限制点云的可视范围。具体步骤为：门 o_j 两边的轨迹点 p_i，p_{i+1} 的连线交门于 Ip_j，$I_{p_j} \in I_p$，$j=1, \cdots, m$（m 是门的个数）；如果对于轨迹点 p_k，交点 Ip_j 是可视的，则门是可视的。线段 $I_{p_jp_k}$ 与墙面 $vw_i \in W$，$i=1, \cdots, |W|$（W 是模型中墙面集合）的交点为 vp_i，以交点 vp_i 为球心，R 为给定半径，计算球体中点的个数。如果点个数大于阈值 p_N，对于轨迹点 p_k，该交点 Ip_j 不可视，由此，门 o_j 也不可视。最终，利用门的位置更新轨迹点的可视点云，如图 3.2(d)所示。

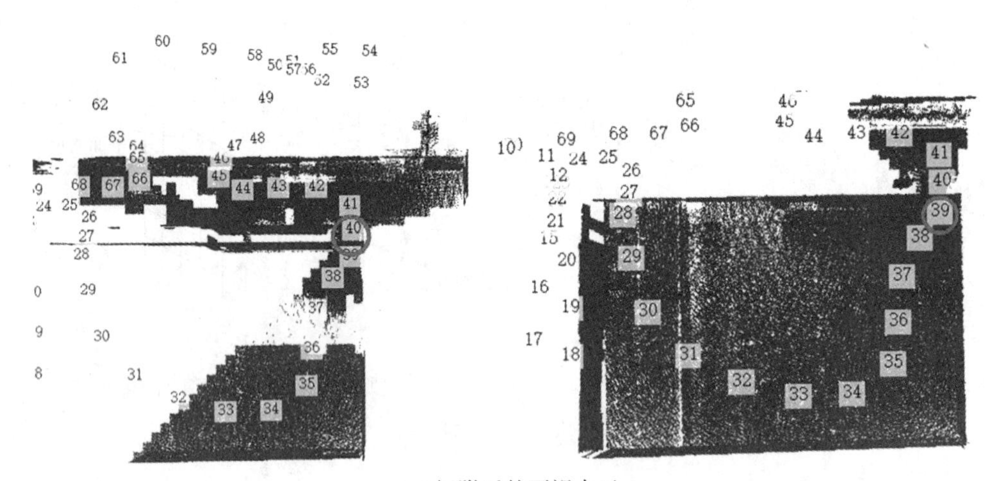

(a)门附近的可视点云

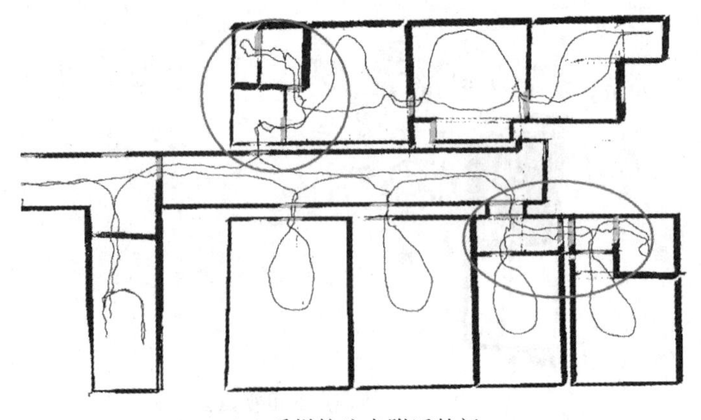

(b)采样轨迹点附近的门

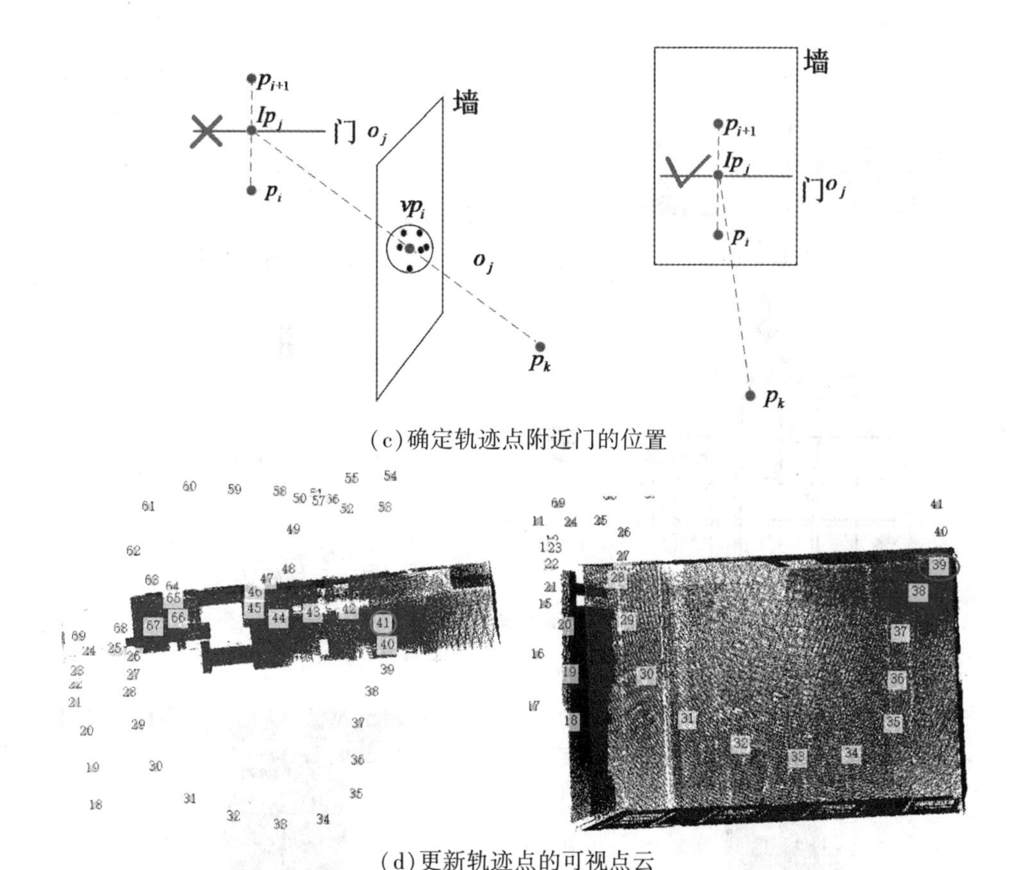

(c)确定轨迹点附近门的位置

(d)更新轨迹点的可视点云

图 3.2　更新轨迹点可视点云的示意图

3.1.1.2　基于原始点云的可视性分析

基于分割的平面模拟轨迹点的可视点云，主要依赖平面的提取质量。然而，针对复杂室内环境，移动激光扫描设备采集的点云数据，具有噪声较大，密度不均，难以保证获得高精度平面；若分割的平面质量低，会影响可视点云的整体表达。为了保证可视点云的精度，本书提出基于采样轨迹点对整体点云进行可视性分析，示意图如图 3.3 所示。首先，将整体点云划分为均匀格网，格网的边长为 C_{3D}，统计每个格网的点云数据；采样轨迹点对整体点云的可视性分析转化为对整体均匀格网。根据人眼可视性分析，以每个采样轨迹点为起始点，任意三维格网的中点作为目标点，进行连线，若该连线经过的所有格网中的点云数量均小于阈值 p_N，则该目标格网可视。三个采样轨迹点的可视点云如图 3.4(a)所示；根据上节提到的用门的位置来限制可视点云范围，结果如图 3.4(b)所示。

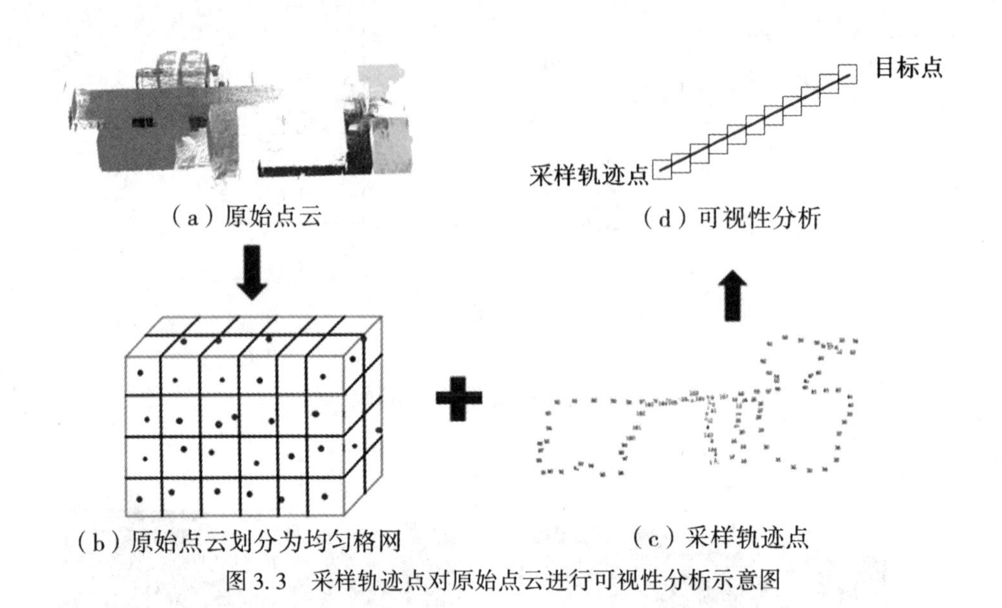

图 3.3　采样轨迹点对原始点云进行可视性分析示意图

(a)三个采样轨迹点 26，30，33 的可视点云　　(b)利用门的位置来限制可视点云的范围

图 3.4　模拟采样轨迹点的可视点云

3.1.2　构建多标记图割模型的单房间分割

在室内环境中，人通过门从一个空间达到另一个空间，门的位置在单个房屋分割中起到关键作用。因此，门不仅可以用来限制可视点云的范围，还可将轨迹点分段为子空间，构成空间的初始划分，如图 3.5(b)所示，每个轨迹段只属于一个房屋，但一个房屋有多个轨迹段。相同房屋中的轨迹点有相似的可视点云，因此，本书基于相邻轨迹点可视点云的相似性和空间平滑性，构建多标记图割能量函数，将相似可视点云自动化聚类，以完成单个房屋分割，即确定每个点云的语义标签，为室内结构化建模提供重要的语义信息。

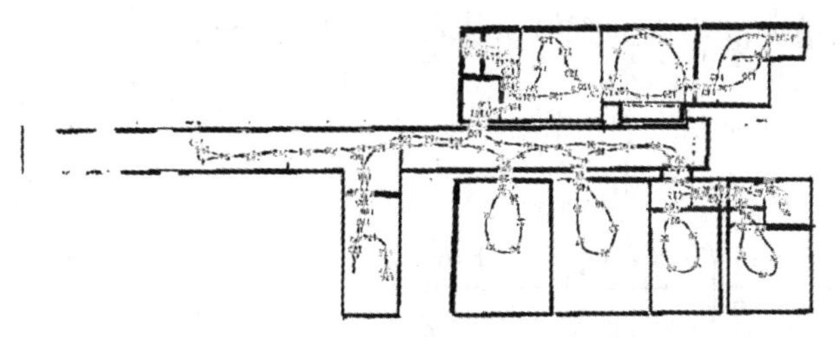

(a)采样轨迹点

(b)轨迹点被划分为轨迹段(子空间)

图 3.5 门的位置将轨迹点划分为轨迹段

在单房屋分割中，构建多标记图割能量函数并使其最小化，表达式为(3.1)所示，包括数据项代价和光滑项代价。

$$\begin{cases} E = \min(E_{\mathrm{D}} + E_S) \\ E(l) = \min\left(\sum_{v \in V} \alpha \cdot D_v(l_v) + \sum_{(v,\ w) \in E} \gamma \cdot B_{v,\ w}(l_v,\ l_w)\right) \end{cases} \tag{3.1}$$

数据项：$E_{\mathrm{D}} = \sum \alpha \cdot D_v(l_v)$，其中分量 $D_v(l_v)$ 是轨迹点 i 被分配轨迹段 ϕ_v 的惩罚值，表达式为(3.2)：

$$\begin{cases} r_o = \dfrac{o_i \cap G_{\phi_v}}{G_{\phi_v}} \\ D_v(l_v) = I_v - r_o \end{cases} \tag{3.2}$$

式中，l_v 是轨迹点属于轨迹段 ϕ_v 的标签，I_v 是轨迹点对应标签 l_v 的理想值；o_i 是轨迹点 i 的可视区域，G_{ϕ_v} 是轨迹段 ϕ_v 的可视区域，$\{\phi_1,\ \cdots,\ \phi_v,\ \cdots,\ \phi_\theta\}$ 是初始化的轨迹段，ϕ_v，$v \in \{1,\ \cdots,\ \theta\}$，$r_o$ 是轨迹点 i 与轨迹段 ϕ_v 的可视区域的覆盖度。当采样轨迹点 i 与轨迹段 ϕ_v 的可视点云覆盖度越大，能量函数的惩罚值 $D_v(l_v)$ 越小；因此，轨迹点倾向聚类于相似性较大的轨迹段。另外，轨迹点之间可视区域的覆盖度用可视格网的索引号计算。

平滑项：$E_S = \gamma \cdot B_{v,\ w}(l_v,\ l_w)$，其中分量 $B_{v,\ w}(l_v,\ l_w)$ 被用于规则化标签，即

惩罚相邻轨迹点被分配不同标签值，其表达式为(3.3)：

$$B_{v,w}(l_v, l_w) = \begin{cases} \left(\frac{1}{2}e^{\left(-\frac{\text{dis}(i,j)}{\Delta d}\right)} + \frac{1}{2}e^{-(1-o_{(i,j)})}\right), & l_v \neq l_w \\ 0, & \text{其他} \end{cases} \tag{3.3}$$

$$o_{(i,j)} = \frac{1}{2}\left(\frac{o_i \cap o_j}{o_i} + \frac{o_i \cap o_j}{o_j}\right)$$

式中，i 是采样轨迹点，以 i 为中心，寻找 K 最邻近的轨迹点，$j \in K$；o_i，o_j 分别是轨迹点 i 和 j 的可视区域，$\text{dis}(i, j)$ 是轨迹点 i 和 j 之间的距离值，$o_{(i,j)}$ 是轨迹点 i 和 j 可视点云的重叠区域，Δd 是距离阈值。平滑项惩罚相邻轨迹点之间的标签值，如果相邻轨迹点属于同一个空间，平滑项为 0；若相邻轨迹点不属于同一个空间，两个相邻轨迹点的覆盖度越大，点间距越小，则平滑项的惩罚值越大，接近于 1。平滑项降低了冗余的子空间，使得相邻轨迹点聚类为同一个房屋，有效解决了室内空间较长走廊的过分割情况。同时，α，β 分别是控制空间相似性、空间平滑性影响因子的权值。

3.1.3　能量函数系数讨论

能量函数的权重参数被用来平衡数据项和光滑项之间的关系，即平衡每个轨迹段和相邻轨迹点的可视点云之间的聚类关系。由于数据质量不同，权重参数的自动调整是一个重要的研究问题。Jung 等在论文中采用基于最小-最大权值和熵权值的方法来自动化设定不同项的权重参数[146]，然而，该算法在本研究的分割模型并不适用。在能量函数模型求解过程中，可以发现：α 值越大，轨迹点越有可能聚类于可视性相似的轨迹段；同理，β 值越大，相邻轨迹点之间越平滑，因此，平滑项可以有效地解决较长空间过分割的问题。针对权重参数的确定，我们按照实验经验进行人工调整，发现 $\alpha/\beta = 2/1$，即 $\alpha = 2$ 和 $\beta = 1$ 时，房屋被正确分割。

3.2　实验验证与分析

本章的研究内容在 Microsoft Visual Studio 2017 编程环境，调用第三方库 PCL1.8.0，用 C++编程语言自主开发。本节将分别介绍相关实验数据、实验结果，并加以总结分析。

3.2.1　实验数据

为了验证本书提出的单房屋分割方法的有效性以及对复杂室内场景的适用性，我们选择了 7 份由移动 LiDAR 测量系统采集的点云数据，包括：2 份典型具有多层多房屋的 benchmark 数据、1 份深大走廊数据、2 份华为公司提供的走廊数据进行实验；以及 2 份由 RGB-D 传感器采集的数据[147]；这 7 份实验数据如图 3.6 所示，具有多房屋、复杂连接的室内结构。

benchmark 数据 TUB2 是使用手持激光扫描仪 Zeb Revo 在德国布伦瑞克技术大学的一栋建筑物中采集的，包括两层楼的激光点云和移动轨迹点，如图 3.6(a)所示。其中，一楼有 14 个房间、2 个走廊、8 扇窗户和 23 扇门，门和窗户一部分是打开的，一部分是关闭；二楼有 7 个房间、2 个走廊、13 扇窗户和 28 扇门，墙壁的厚度不同，天花板高度不同；该数据点云噪声较少，点云精度较高，相对精度为 2~3cm，提取重建难度较小。

benchmark 数据 UoM 是用手持激光扫描仪 Zeb-1 在澳大利亚墨尔本大学工程楼 B 座获取的，如图 3.6(b)所示；场景包括 7 个房间和 14 个门(打开或关闭)，墙的厚度不同，窗户是封闭；该室内数据具有较多家具，杂乱程度适中，提取重建难度适中。

深大走廊数据是由深圳大学研发的背包扫描仪在深圳大学科技楼 14 楼采集的，如图 3.6(c)所示。该走廊周围是由玻璃墙构成，玻璃墙附近的点云产生多透射和反射，同时加上行走的路人导致点云误差较大，该场景包括 4 扇门，6 个柱子；该走廊数据密度不均匀，噪声多，杂乱程度较高；提取重建难度较大。

华为公司提供的是由 NavVis M6 高性能推车激光扫描仪获取的走廊数据，采集的室内点云往往会包含室外树木和地面的杂乱物品，因此，点云噪声较多，如图 3.6(d)和图 3.6(e)所示。华为采集的数据 A 具有 9 扇门，2 个房屋空间；华为数据 B 具有 27 扇门、25 扇窗户，3 个房屋空间。该走廊数据噪声较多、形状复杂；提取重建难度较大。

RGBD 传感器采集的两份室内点云是公共数据集，如图 3.6(f)和图 3.6(g)所示，该数据点密度低，质量较差。两份数据分别具有 9 个房屋，9 扇窗户；6 个房屋，5 扇门；同时，具有采集数据的视点位置。室内包括杂乱物品，房屋结构复杂，提取分割难度较大。

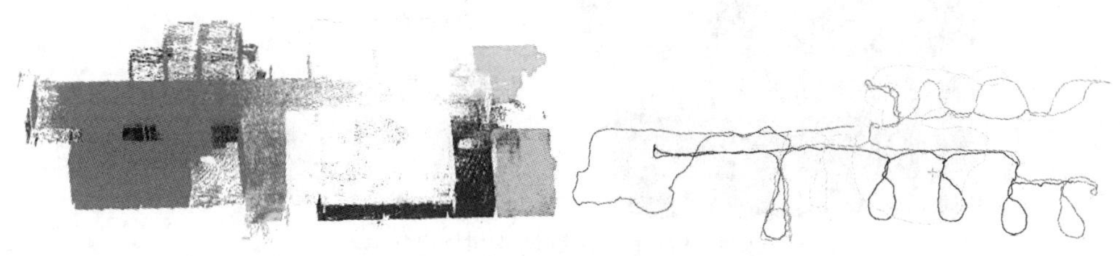

(a) benchmark TUB2 多层的点云数据和轨迹信息

(b) benchmark UoM 的点云数据

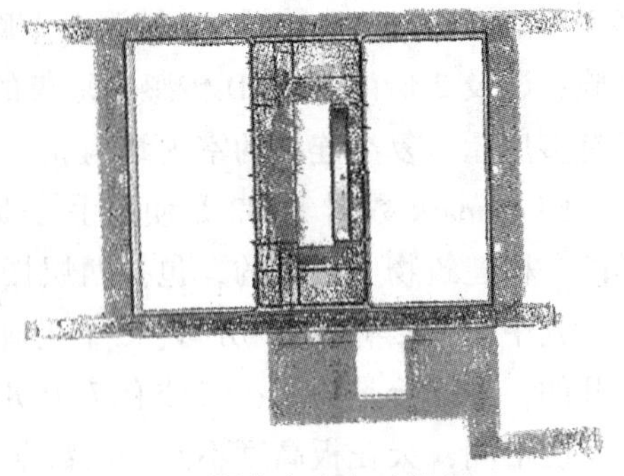

(c) 深大走廊点云数据

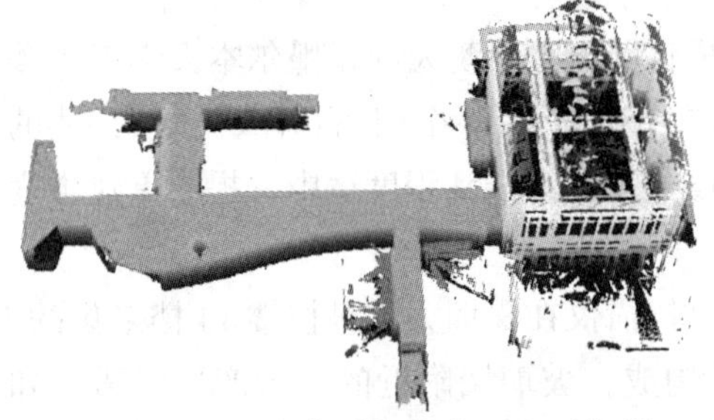

(d) 推车激光设备采集走廊 A 点云数据

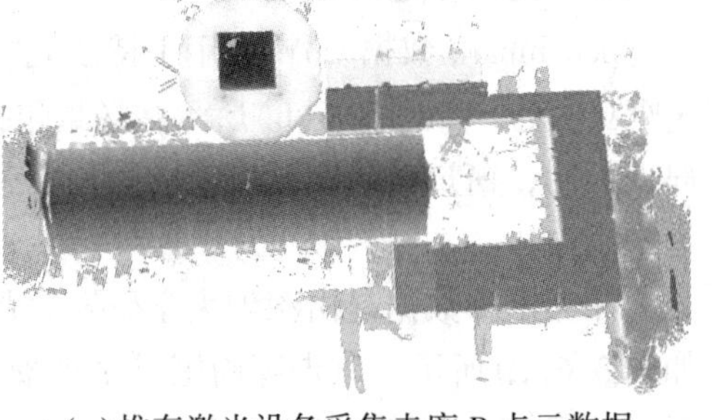

(e) 推车激光设备采集走廊 B 点云数据

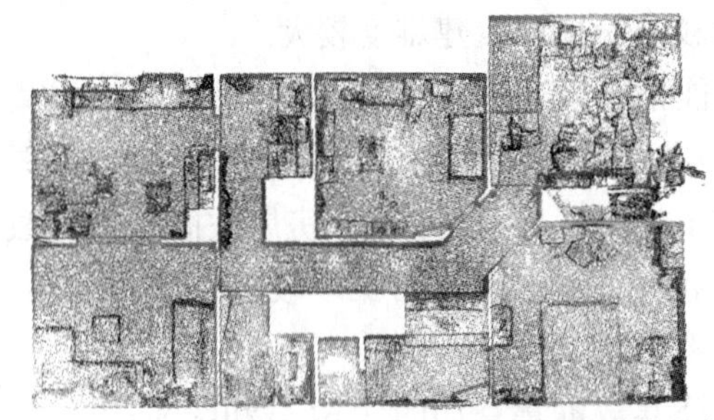

(f) RGBD 采集的数据 1 和视点位置

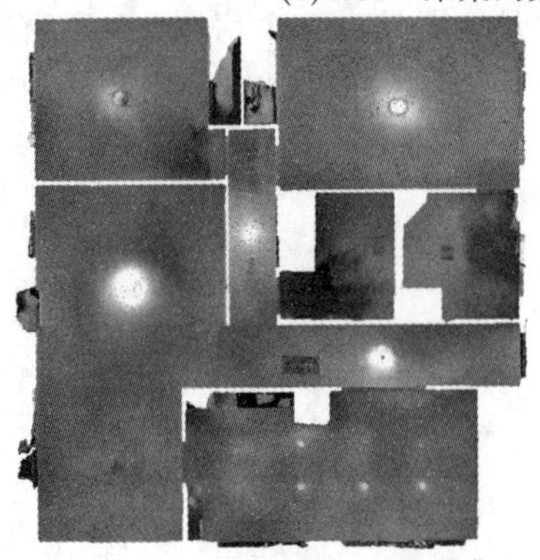

(g) RGBD 采集的数据 2 和视点位置

图 3.6　7 份实验数据

3.2.2 实验结果与分析

本书2.2节提出的室内结构提取方法、3.1节提出的房屋分割方法主要依赖实验参数的设置，实验参数信息见表3.1。实验表明，对于不同室内场景的点云数据，大多数参数并不敏感，只有少数参数需要人工修改。bin，p_z，p_v，p_d 是进行楼层分割、水平面提取的4个参数，密度直方图中的 *bin* 是由数据点密度决定的，p_z，p_v，p_d 分别是法向量 z 轴分量阈值、密度直方图峰值阈值、相邻峰值之间的最小距离，用于识别主水平面的位置；*bin*，p_v，p_d 参数需要依赖不同的室内场景进行调整。p_n 是利用 RANSAC 平面分割的参数，若平面中点数小于阈值 p_n，则该平面被舍弃。在垂直墙面规则化时，n_z，s_{xy} 是法向量 z 轴分量和提取平面的梯度值，被用来规则化墙面，同时，θ_t/d_t 是被用来合并属于相同墙面面片的角度阈值和距离阈值。在提取开口时，g_s 是墙面转化为二值图像的格网分辨率，该值接近并略大于点密度，保证提取门窗精度；w_d/h_d 和 w_w/h_w 被用于提取识别门和窗户的长度和宽度。对于室内单房屋的分割，t_n 是原始轨迹点的采样间隔，根据实际场景轨迹点的稀疏程度确定；$C_{2D/3D}$ 是将平面或者整体点云划分为均匀格网的边长，边长的大小决定了划分相邻房屋边界的准确度，一般取值小于室内墙体的厚度；p_N 是可视性分析中格网点云数目的阈值，主要根据点云的密度值；α，γ 在多标记图割能量函数中被用来平衡数据项和平滑项的权值参数。

表3.1　**室内要素提取、分割的实验参数信息**

参数	参数值	参数描述
提取水平平面		
bin	0.03m*	z 轴密度直方图的单位长度
p_z	0.5	法向量的 z 轴分量
p_v	330000*	提取峰值阈值
p_d	0.2m*	相邻峰值之间最小距离
利用 RANSAC 的平面提取		
p_n	5000*	提取平面中点云最少数量
规则化垂直墙面		
n_z	0.087	法向量 z 轴分量阈值
s_{xy}	0.25	提取平面的梯度阈值
θ_t/d_t	18°/0.1m	合并相似平面的角度和距离阈值

续表

参数	参数值	参数描述
提取开口		
g_s	0.05m	分辨率的大小(点云转化为图像)
w_d/h_d	$0.7m \leqslant w_d \leqslant 1.5m$ $1.8m \leqslant h_d \leqslant 2.2m$	规则化门的长和宽
w_w/h_w	$0.5m \leqslant w_w \leqslant 1.5m$ $0.5m \leqslant h_w \leqslant 1.5m$	规则化窗户的长和宽
单房屋分割		
t_n	200	原始轨迹点中的采样间隔
$C_{2D/3D}$	0.1m	三维格网的长度
p_N	5	网格中点的数量阈值
α，γ	1.0/0.5	能量函数数据项和平滑项参数

注：* 表示由数据质量确定的参数。

利用本章的方法对 7 份数据进行处理，分别对分割的房屋，提取的门、窗户和柱子的实验结果进行了定量和定性的评价。定量评价结果见表 3.2 和表 3.3，定性评价结果如图 3.7 至图 3.13 所示。

表 3.2　　室内要素提取结果

数据		点数量	真值/分割房屋(走廊)	真值/提取的门	真值/提取的窗户	真值/提取的柱子
TUB2 多层	第一层楼	6,623,311	14(2)/14(2)	23/22	8/1	0/0
	第二层楼	5,004,875	7(2)/7(2)	28/20	13/7	0/0
UoM 数据		13,414,298	7/7	14/2	0/0	0/0
深大数据		1,980,911	4/3	4/4	0/0	6/6
华为数据 A		3,011,738	2/2	9/9	0/0	0/0
华为数据 B		4,018,002	3/3	27/25	25/18	0/0
RGBD 数据 1		327,979	9/9	9/9	0/0	0/0
RGBD 数据 2		4,801,766	6/6	5/5	0/0	0/0

为了定量地评价分割提取房屋、门、窗户、柱子的精确度，我们将检测到的目标数量分别与真值进行比较，比较指标为召回率和正确率，如公式(3.4)～式(3.5)。

$$\text{Completeness} = \frac{TP}{TP + FN} \tag{3.4}$$

$$\text{Correctness} = \frac{TP}{TP + FP} \tag{3.5}$$

式中，TP 为检测到的正确数量，FP 是误探测的数量，FN 是漏检测数量。由表 3.3 可以发现，我们提取的室内要素基本上达到 100%的正确率；然而，部分门和窗户被漏提取，召回率较低。

表 3.3　　提取室内要素的定量描述

数据		评价指标	分割房屋	提取门	提取窗户	提取柱子
TUB2 多层	第一层楼	Com/Cor	100%/100%	95.6%/100%	12.5%/100%	—
	第二层楼	Com/Cor	100%/100%	71.4%/100%	53.8%/100%	—
UoM 数据		Com/Cor	100%/100%	14.3%/100%	—	—
深大数据		Com/Cor	75%/100%	100%/100%	—	100%/100%
华为数据 A		Com/Cor	100%/100%	100%/100%	—	—
华为数据 B		Com/Cor	100%/100%	92.6%/100%	72%/100%	—
RGBD 数据 1		Com/Cor	100%/100%	100%/100%	—	—
RGBD 数据 2		Com/Cor	100%/100%	100%/100%	—	—

针对 TUB2 点云数据，被正确分割为具有语义信息的独立房屋，如图 3.7(d)和图 3.7(e)所示。TUB2 的第一层楼，激光点云从 32 个初始空间优化为 16 个房屋标签；TUB2 的第二层楼，激光点云从 15 个初始空间优化为 9 个房屋标签，可以解决空间过分割的情况。在 TUB2 数据中，基于平面可视性分析的房屋分割受平面精度影响，在方框有局部点云缺失，如图 3.7(d)所示；基于原始点云的可视性分析(图 3.7(e))比起基于平面可视性分析的房屋分割，可以较为完整地保留场景信息，并不依赖分割平面的精确度。对于数据 TUB2，提取的天花板、地板、墙面、门和窗户如图 3.7(a)至图 3.7(c)所示，可以发现门和窗户位置正确，且完全嵌入到墙

面。本研究提出的开口探测和分类方法依赖于点云的几何质量，由于墙面点云密度不均匀，局部稀疏，数据 TUB2 的第一层楼有 22 扇门被正确探测，1 扇未被探测；玻璃材质的窗户导致点云具有大量噪声，影响窗户的提取精度，仅仅有 1 扇窗户被探测，7 扇窗户漏提；第二层楼有 20 扇门被正确探测，8 扇未被探测，有 7 扇窗户被探测，6 扇窗户未被探测。

(a) 提取的天花板和地板

(b) 一楼房屋提取的窗户、门和墙面　　(c) 二楼房屋提取的窗户、门和墙面

(d) 基于平面可视性分析的房屋分割结果

(e) 基于整体点云可视性分析的房屋分割结果

图 3.7　benchmark 数据 TUB2 的结构要素提取结果

针对 UoM 数据、深大走廊数据、华为提供的走廊数据 A、华为提供的走廊数

据B并没有提供轨迹信息，按照本研究提出的策略：由分割的天花板和地板的平均高程确定轨迹点的高程位置。将原始点云投影水平面，并划分边长为2m格网均匀采样作为轨迹点的水平位置，且该位置与墙面距离1m，使其位于可导航区域。针对这种多房屋、异形结构的室内房屋，提取的平面精度不能保证，局部区域出现漏洞，若依赖提取平面进行可视性分析分割房屋，并不能保留整体场景空间信息，如图3.8(a)，图3.9(b)，图3.10(b)，图3.11(b)所示；由于局部区域几何特征缺失，出现空间欠分割情况，如图3.8(a)和图3.11(b)所示。基于模拟轨迹点对整体点云进行可视性分析，并完成的房屋分割，结果如图3.8(b)，图3.9(c)，图3.10(c)，图3.11(c)所示；可以发现只有深大的走廊数据出现了一个欠分割，其他的分割结果可以较为完整地保留场景信息，以此证明本研究提出的房屋分割算法性能较好。然而，我们可以利用平面要素进行房屋开口的检测，针对UoM数据仅有2扇门被探测，剩余的门是关闭，我们的算法则检测不出来。

针对深大走廊数据、华为提供的走廊数据A、华为提供的走廊数据B，门和窗户的提取结果如图3.9(a)、图3.10(a)、图3.11(a)所示，可以发现：门被较为完整地提取，部分窗户被漏提。在未来，我们将融合图像和点云数据提取门和窗户；主要考虑图像具有明显的纹理信息，可以弥补激光点云质量低的缺点，有助于提升门和窗户的探测精度。

另外，针对华为走廊A和B，在采集点云数据时，经常会包含室外树木和地面的杂乱点。采用通常的点云几何约束，不能滤除所有的噪声，而且会出现局部缺失，我们通过人工交互去除室外的噪声。因此，本书点云数据处理并不是全自动，但可以达到90%以上的自动化。

(a)基于平面可视性分析的房屋分割结果　(b)基于整体点云可视性分析的房屋分割结果

图3.8　benchmark数据UoM的单房屋分割结果

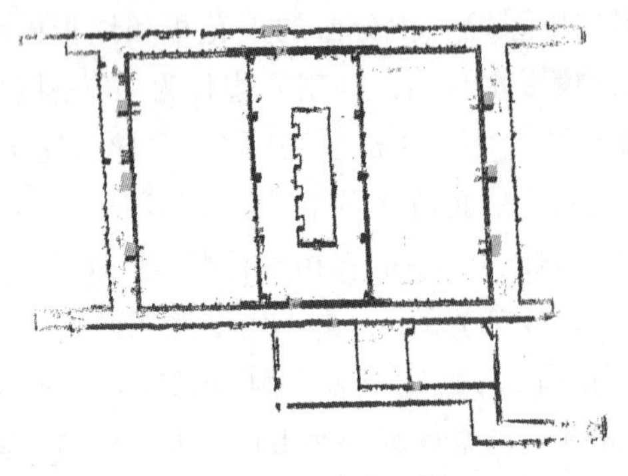

(a)提取的窗户、门

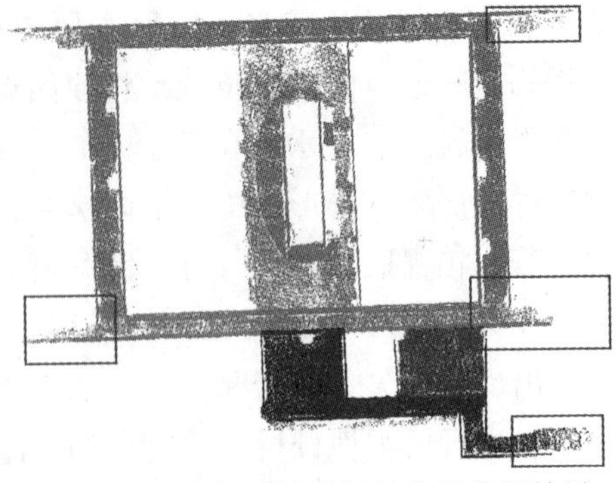

(b)基于平面可视性分析的房屋分割结果

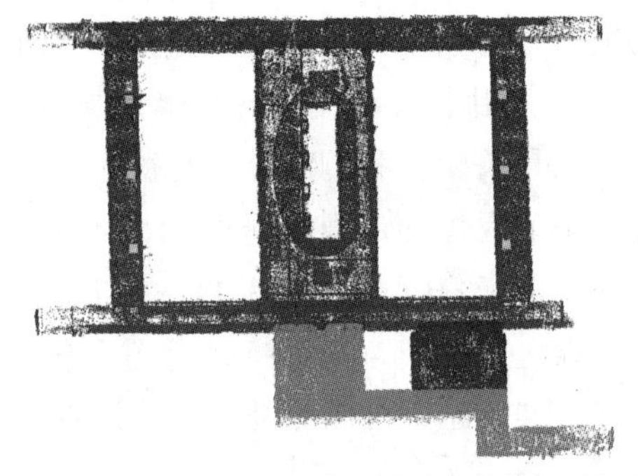

(c)基于整体点云可视性分析的房屋分割结果

图3.9　深大走廊数据提取分割结果

(a)提取的窗户、门、平面

(b)基于平面可视性分析的房屋分割结果

(c)基于整体点云可视性分析的房屋分割结果

图3.10　华为走廊数据A提取分割结果

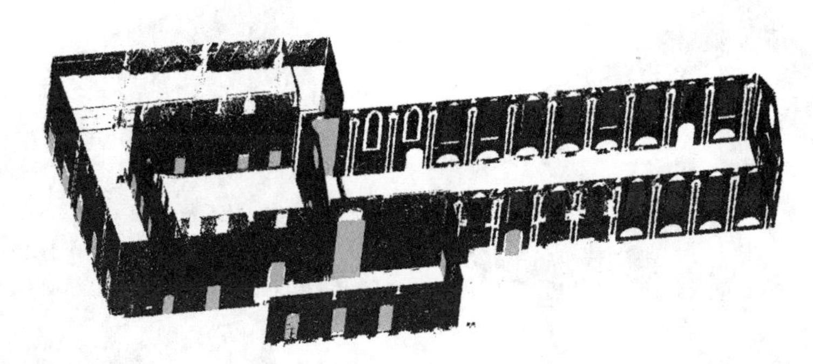

(a)提取的窗户、门、平面

(b)基于平面可视性分析的房屋分割结果

(c)基于整体点云可视性分析的房屋分割结果

图 3.11　华为走廊数据 B 提取分割结果

针对 RGBD 采集的数据 1 和 2，门的提取结果如图 3.12(a)和图 3.13(a)所示。由于点云密度较低，分割的平面并不能完整地表达室内场景，基于平面的可视性分析并不能分割出单房屋。然而，本书提出的基于整体点云的可视性分析可以将室内房屋完整地分割出来，结果如图 3.12(b)和图 3.13(b)所示。

(a)提取的窗户、门

(b)基于整体点云可视性分析的房屋分割结果

图 3.12　RGBD 采集数据 1 的提取分割结果

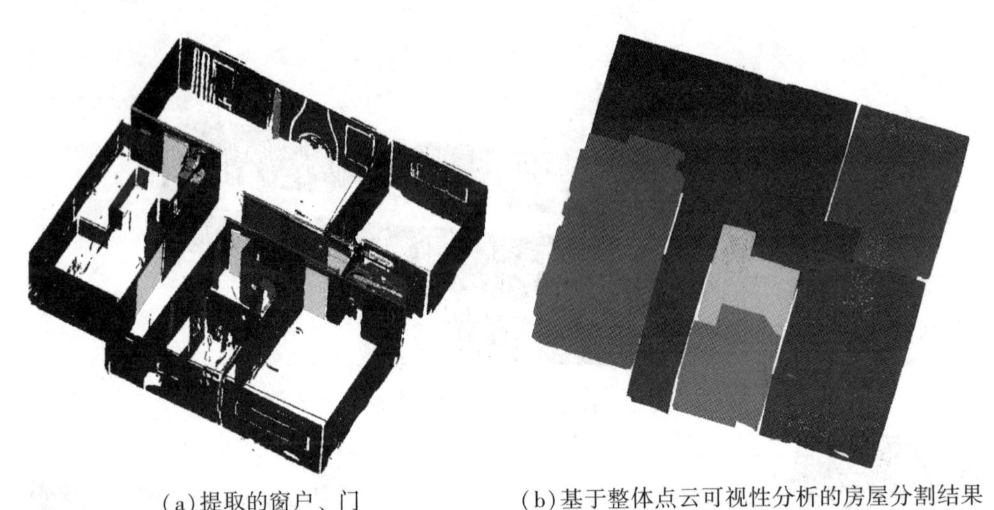

(a)提取的窗户、门　　(b)基于整体点云可视性分析的房屋分割结果

图3.13 RGBD采集数据2的提取分割结果

总之，本书的算法对7份复杂室内场景、移动点云数据进行处理得到了较好的结果，并不严重依赖数据质量；并且参数在合理的取值范围内，算法具有较为稳定的性能和较高的自动化程度。主要原因包括两个方面：一方面，基于采样轨迹点，对原始点云划分的三维均匀格网进行可视性分析，从三维角度获得可视点云，避免视角的遮挡；另一方面，考虑室内场景的语义约束，基于相邻轨迹点可视点云的相似性和空间平滑性构建多标记图割能量函数，其中，平滑项降低了冗余的子空间数量，使相邻轨迹点聚类为同一个房屋，有效解决了室内空间长走廊的过分割情况。

3.2.3 传统方法与新方法的分割结果比较

针对多层、多房屋、复杂连接的室内空间分割问题，将本书提出的新房屋分割方法与三种传统的方法进行定性和定量评价，定性评价如图3.14至图3.21所示，定量评价见表3.4和表3.5。传统的分割方法分别为形态学分割方法[89]、基于距离变换的分割方法[89]、带约束的形态学方法[90]。

benchmark的TUB2数据一层和二层，本书的方法可以完全正确地分割单房屋，如图3.14(a)和图3.15(a)所示。形态学分割方法不考虑扫描仪位置，仅仅通过空间腐蚀和连通性分析；走廊与相邻单房屋的点云相互连接，因此，被划分为同一个区域，出现空间欠分割，如图3.14(b)和图3.15(b)所示；距离变换的房屋分割是通过距离变换的局部极大值确定房间的中心，以此进行房屋分割，仅仅考虑空间的几何信息，与形态学房屋分割结果类似，将走廊和与其相邻房屋的点云分割到同一个区域，即空间欠分割，如图3.14(c)和图3.15(c)所示，整体的房屋分割结果较差，房屋边界信息错误。李霖[90]提出了带约束的形态学方法，在形态学分割方法的基础上进行了改进，考虑将门高至墙高之间的墙面点云作为语义约束条件，以此提升房屋分割的正确性，房屋的分割结果如图 3.14(d)和图 3.15(d)所示，所有的房屋都被正确分割；然而，房屋边界在腐蚀变换后导致房屋边界有一定的缺失，不能直接用来进行后续的模型重建。

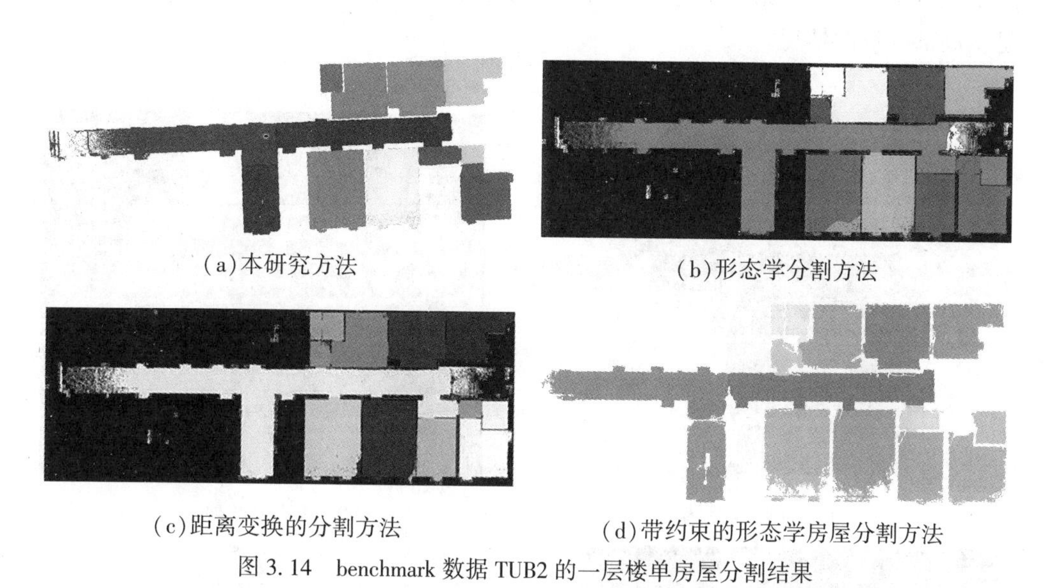

(a)本研究方法　(b)形态学分割方法

(c)距离变换的分割方法　(d)带约束的形态学房屋分割方法

图 3.14　benchmark 数据 TUB2 的一层楼单房屋分割结果

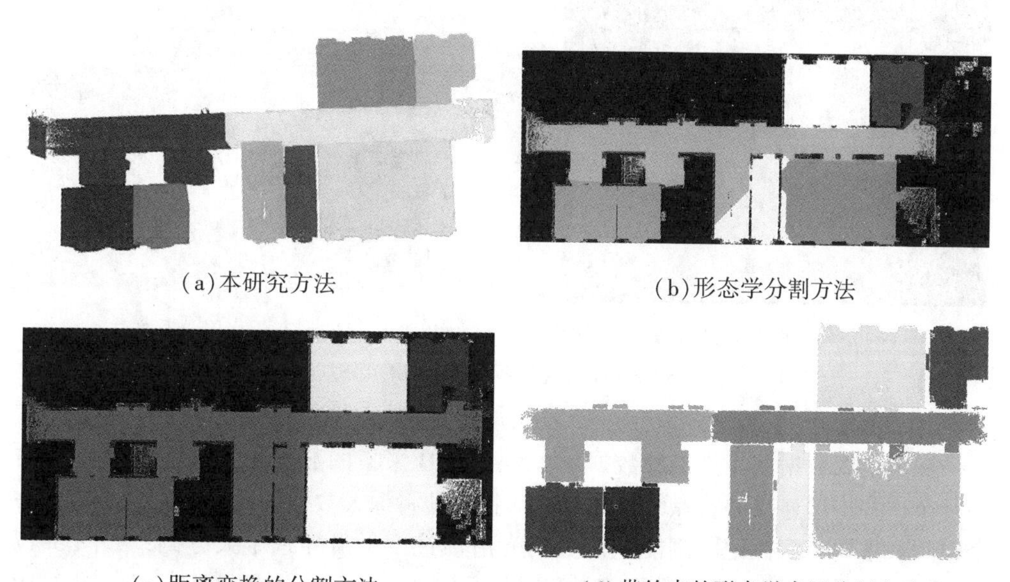

(a)本研究方法　(b)形态学分割方法

(c)距离变换的分割方法　(d)带约束的形态学房屋分割方法

图 3.15　benchmark 数据 TUB2 二层楼单房屋分割结果

benchmark UoM 数据，走廊较长、边界曲折，本研究方法正确地分割单房屋，如图 3.16(a)所示，形态学分割方法和距离变换的分割方法，将长长的走廊分为多段，并与相邻房屋连接到一起，即出现过分割和欠分割的情况；同时单房屋边界信息错误。李霖的带约束的形态学方法房屋分割结果较好，然而，仍存在边界信息不足，局部空洞的情况。

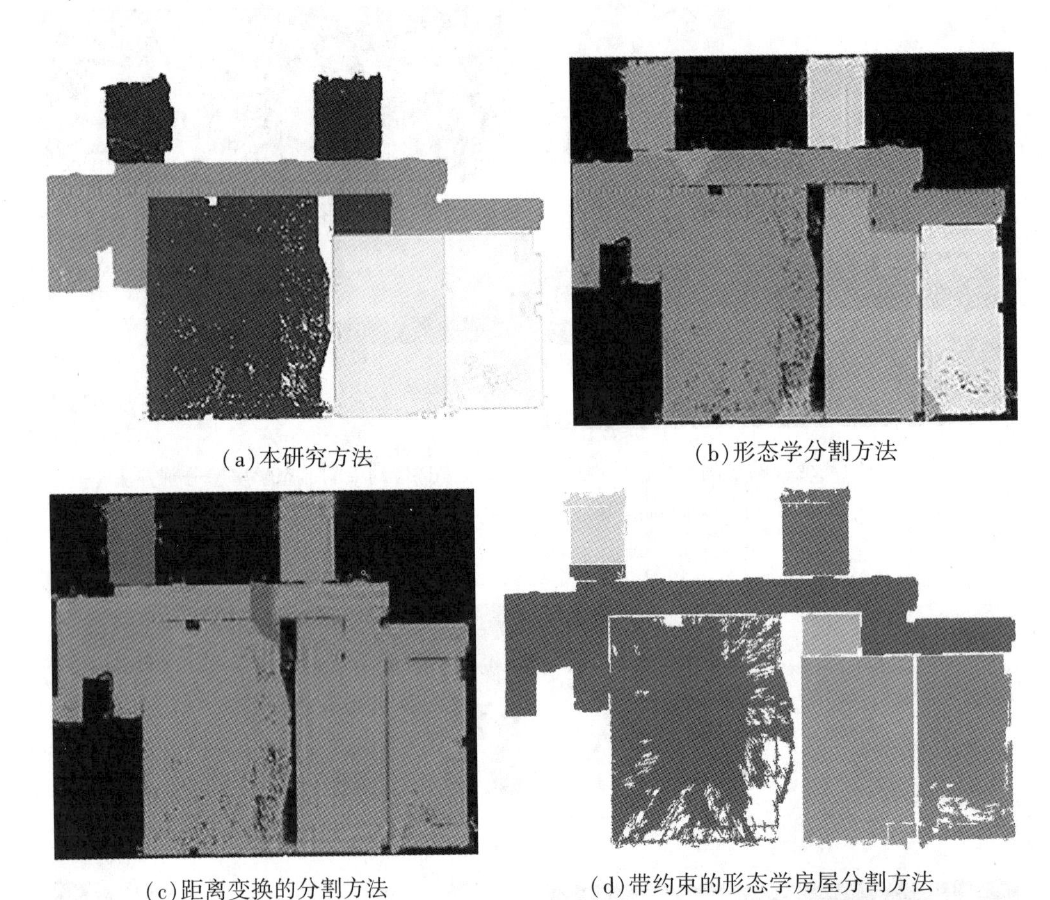

(a)本研究方法　(b)形态学分割方法

(c)距离变换的分割方法　(d)带约束的形态学房屋分割方法

图 3.16　benchmark 数据 UoM 单房屋分割结果

深大走廊数据，华为走廊数据 A、B，RGBD 采集的数据 1、2，都具有室内结构复杂、多房屋连接的特点，本研究方法错误地将深大数据的两个走廊聚类为同一个空间，主要是多标记图割能量函数的光滑项过度平滑导致了欠分割，如图 3.17(a)所示；其他的四组点云数据都被稳健地分割为单房屋，如图 3.18(a)、图 3.19(a)、图 3.20(a)、图 3.21(a)。形态学分割方法和距离变换的分割方法，在结构复杂的华为走廊 A、B 均出现了过分割，如图 3.18(b)、图 3.19(b)、图 3.18(c)、

图3.19(c)所示；针对多房屋连接的深大走廊数据以及RGBD点云数据1、2，均出现了过分割和欠分割情况，房屋边界信息错误，如图3.17(b)、图3.20(b)、图3.21(b)、图3.17(c)、图3.20(c)、图3.21(c)所示。李霖提出的带约束的形态学方法的单房屋分割正确，但局部房屋边界缺失，如图3.17(d)、图3.18(d)、图3.19(d)、图3.20(d)、图3.21(d)所示。

以上三种传统的房屋分割方法，输出的单房屋都是二维的栅格图像，不具有三维信息，仅仅达到水平面分块的作用，可计算房屋的面积，并不能直接用于后续的模型重建。本书提出的房屋分割方法，可以完整地输出单个房屋的三维点云，很好地表达三维形态，可直接用来计算房屋的面积值、体积值，并用于后续的模型重建。通过以上对比实验可以发现，我们的算法针对多层、多房屋、复杂连接的室内空间分割，具有很好的正确性和适应性。

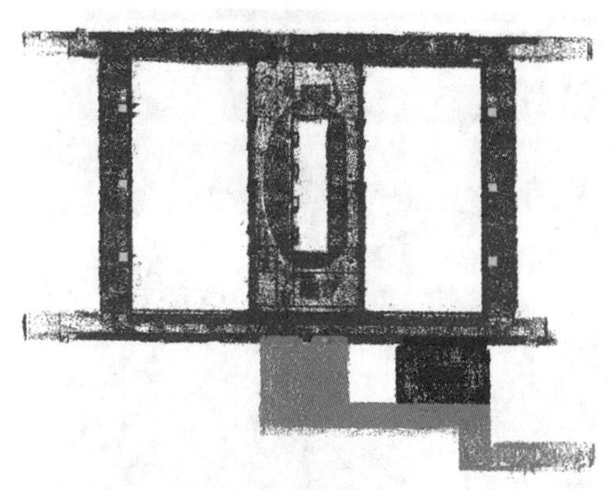

(a)本研究方法

(b)形态学分割方法

(c)距离变换的分割方法

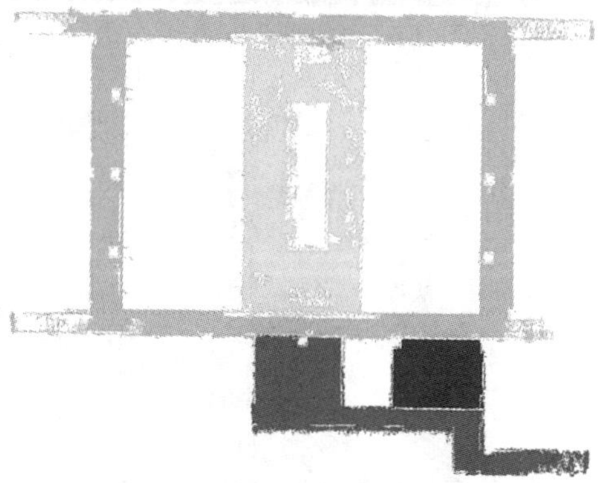

(d)带约束的形态学房屋分割方法

图3.17 深大走廊数据分割结果

(a)本研究方法

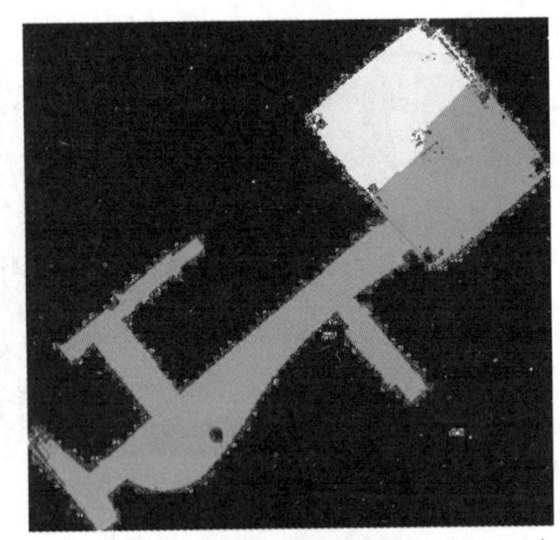

(b)形态学分割方法

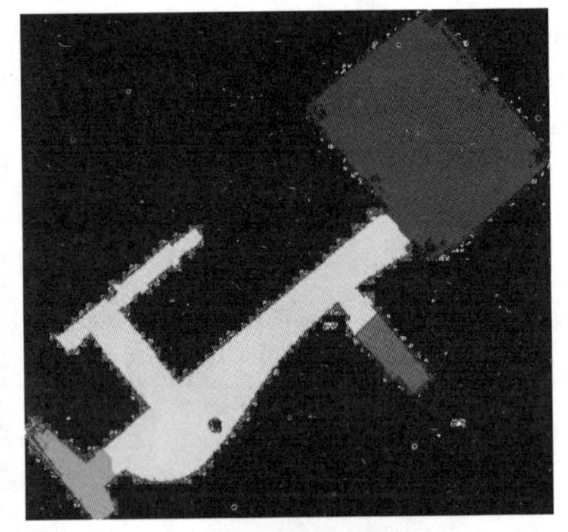

(c)距离变换的分割方法

(d)带约束的形态学房屋分割方法

图 3.18　华为走廊数据 A 分割结果

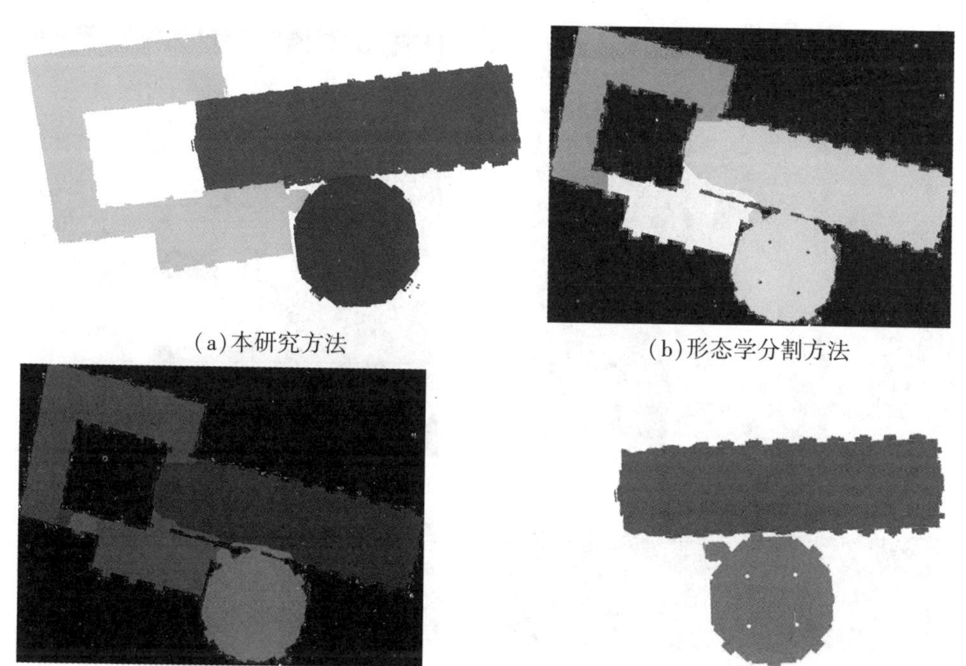

(a)本研究方法 (b)形态学分割方法

(c)距离变换的分割方法 (d)带约束的形态学房屋分割方法

图 3.19 华为走廊数据 B 分割结果

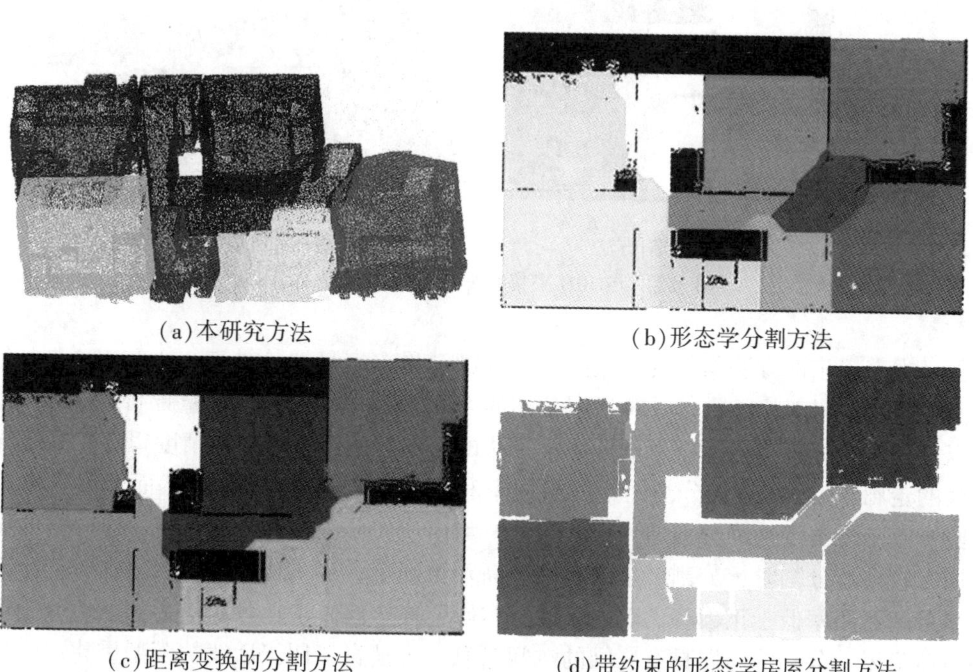

(a)本研究方法 (b)形态学分割方法

(c)距离变换的分割方法 (d)带约束的形态学房屋分割方法

图 3.20 RGBD 采集数据 1 的单房屋分割结果

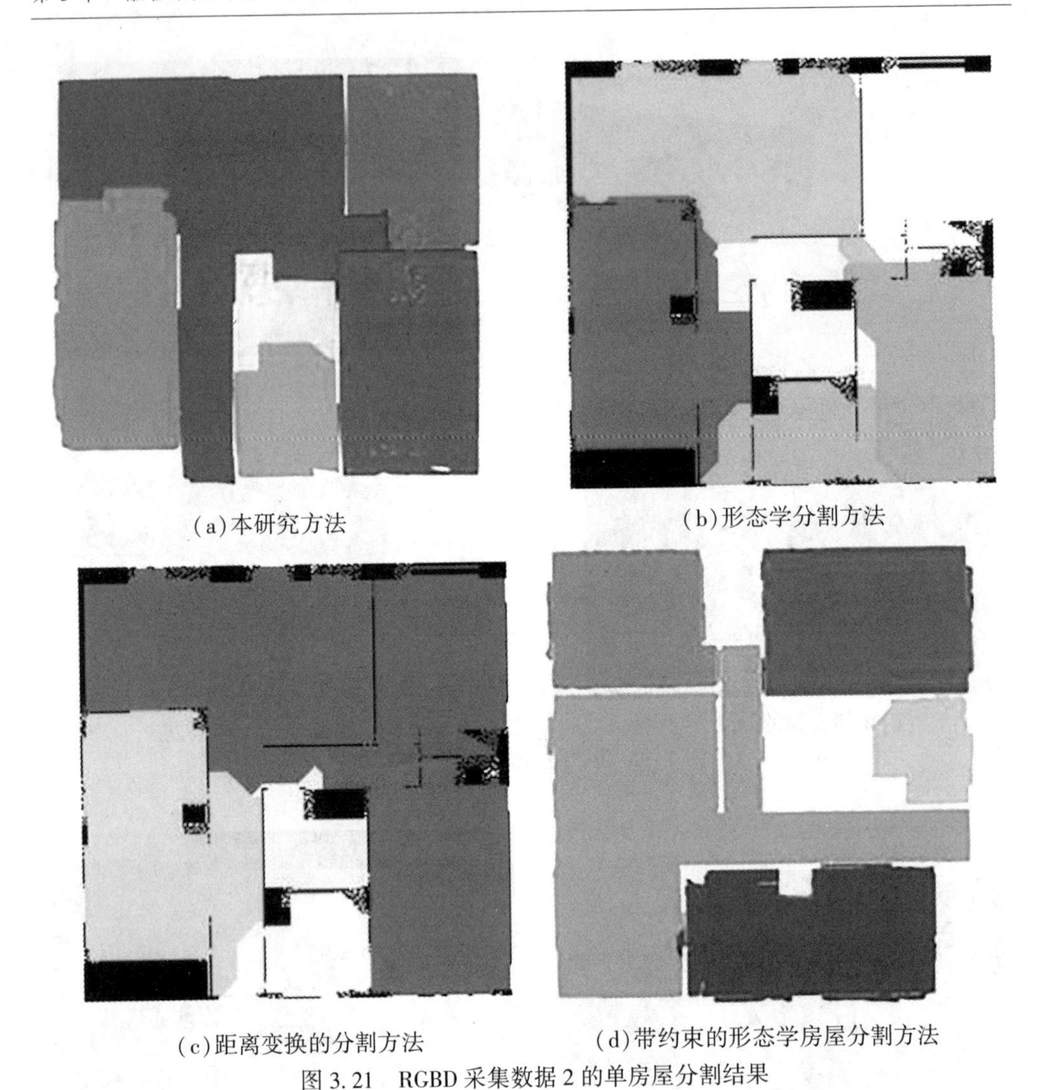

(a)本研究方法　(b)形态学分割方法

(c)距离变换的分割方法　(d)带约束的形态学房屋分割方法

图 3.21　RGBD 采集数据 2 的单房屋分割结果

本书提出的方法与传统方法的房屋分割结果、定量评价见表 3.4 和表 3.5，分割的房屋数量对比于真值计算房屋分割的召回率和正确度。如定量评价表 3.5，可以发现本研究方法与带约束的形态学方法的房屋分割结果类似，精度很高。除了深大的走廊，6 份数据的分割结果的召回率和正确率均达到 100%。然而，形态学分割和基于距离变换的分割结果精度较低，均出现欠分割和过分割情况；当分割的房屋有较多过分割时，分割结果的召回率高于正确率，当出现较多的欠分割时，分割结果的召回率低于正确率。总的来说，本研究提出的方法，可以较为完整地分割室内单房屋，分割的房屋具有三维的空间信息，可被直接用于后续的模型重建。

表 3.4 本研究方法与传统方法的房屋分割结果

数据	形态学房屋分割			距离变换房屋分割			带约束形态学房屋分割			本书房屋分割方法		
	TP	FN	FP	TP	FN	FP	TP	FN	FP	**TP**	**FN**	**FP**
TUB2 第一层楼	11	5	2	11	5	2	16	0	0	**16**	**0**	**0**
TUB2 第二层楼	4	5	2	4	5	2	9	0	0	**9**	**0**	**0**
UoM 数据	3	4	3	1	6	2	7	0	0	**7**	**0**	**0**
深大数据	0	4	4	0	4	6	4	0	0	**3**	**1**	**0**
华为数据 A	1	1	2	1	1	4	2	0	0	**2**	**0**	**0**
华为数据 B	2	1	2	2	1	4	3	0	0	**3**	**0**	**0**
RGBD 数据 1	5	4	5	3	6	4	9	0	0	**9**	**0**	**0**
RGBD 数据 2	4	2	2	4	2	2	6	0	0	**6**	**0**	**0**

表 3.5 本研究方法与传统方法的定量评价

数据	形态学房屋分割		距离变换房屋分割		带约束态学房屋分割		本书房屋分割方法	
	Com	Cor	Com	Cor	Com	Cor	**Com**	**Cor**
TUB2 第一层楼	68.75%	84.62%	68.75%	84.62%	100%	100%	**100%**	**100%**
TUB2 第二层楼	44.44%	66.67%	44.44%	66.67%	100%	100%	**100%**	**100%**
UoM 数据	42.86%	50%	14.29%	33.33%	100%	100%	**100%**	**100%**
深大数据	0%	0%	0%	0%	100%	100%	**75%**	**100%**
华为数据 A	50%	33.33%	50%	20%	100%	100%	**100%**	**100%**
华为数据 B	66.67%	50%	66.67%	33.33%	100%	100%	**100%**	**100%**
RGBD 数据 1	55.56%	50%	33.33%	42.86%	100%	100%	**100%**	**100%**
RGBD 数据 2	66.67%	66.67%	66.67%	66.67%	100%	100%	**100%**	**100%**

同时，针对公共 RGBD 数据 1 和 2，本书提出的新方法与现有主流方法的房屋分割结果进行比较[147]，结果见表 3.6。引用了 Voronoi 方法[89]、Ochmann 的方法[78]、Mura 的方法[81]、李霖的方法[90]。本书的方法和李霖的方法[90]将所有的房屋正确分割；然而，李霖提出的带约束形态学聚类的方法，是在形态学分割方法的基础上，考虑将门高至墙高之间的墙面点云作为语义约束条件，输出的单房屋都是

二维的栅格图像，不具有三维信息，同时，腐蚀变换导致房屋的边界造成一定的缺失。相比于李霖的方法，本书方法分割的单房屋具有三维空间信息，可直接用于后续的模型重建。Voronoi 方法针对初始化的空间单元自定义合并准则，以此完成二维平面图的分割，针对复杂的室内结构，合并准则并不能顾及所有的情况，因此，部分召回率和正确率略低。Ochamann 的方法在长走廊会出现过分割，因此召回率和正确率较低。Mura 的方法针对复杂结构的室内数据 1，有部分房屋漏分割，该方法制定的 6 种类型的结构图并不能满足这种异形的结构。总之，本书提出的方法与李霖的方法有相同的分割结果，克服了长走廊过分割和局部房屋的欠分割问题；同时，优于 Voronoi 方法、Ochmann 方法和 Mura 方法。

表 3.6　**本书分割新方法与现有主流的方法效果对比**

数据	Voronoi 方法		Ochmann 的方法		Mura 的方法		李霖的方法		**本书方法**	
	Com	Cor	Com	Cor	Com	Cor	Com	Cor	**Com**	**Cor**
RGBD 数据 1	100%	90%	80%	80%	90%	100%	100%	100%	**100%**	**100%**
RGBD 数据 2	75%	100%	60%	100%	100%	100%	100%	100%	**100%**	**100%**

3.3　本章小结

针对多层、多房屋、复杂连接的室内空间分割难的问题，本书基于 2.2 节提出的方法提取室内结构要素，并将其作为几何和语义约束，通过光线追踪方法模拟轨迹点的可视点云；并基于相邻轨迹点可视点云的相似性和空间平滑性构建多标记图割能量函数，将无序的点云分割为具有语义信息的单个房间，解决了室内空间过分割的问题。为了验证算法的性能，本书选取 2 份 ISPRS 测试数据、3 份真实大场景点云数据和 2 份 RGBD 公共数据集进行实验，对提取的结果进行定量和定性分析，并与其他多种主流方法进行对比，结果表明：在多层、多房屋、复杂连接的室内环境下，本研究方法可以稳健地提取天花板、地板、门、窗户、柱子；完整地分割单个室内房屋，可服务于后续室内三维模型重建。另外，采集室内点云时，包含室外树木和地面的杂乱点。在房屋分割前，通过人工交互去除室外的噪声，因此，本书点云数据处理并不是全自动，但可以达到 90%以上的自动化。

第4章 基于图优化理论的室内结构化模型重建

室内三维模型是数据空间信息的核心内容之一，是实现智慧城市中实体三维的重要任务，主要应用于城市管理与规划、灾害防治与应急、室内位置服务、环境模拟等领域。通过前文介绍，我们已精确地提取分割室内要素，使得无序的点云具有了语义信息。然而，这些高度冗余的点云不具有几何和结构信息，进而影响室内数据的三维可视化、交互操作、各种专题应用分析等，因此，需要重建室内三维结构化模型。传统基于规则面要素的室内模型重建方法完全依赖提取的面要素精度，受限于曼哈顿世界房屋。为弥补现有方法的不足，本书针对非曼哈顿世界的异形房屋，基于图优化理论提出融合线、面特征相互约束机制来重建高精度的室内三维结构化模型。首先，对分割的单房屋点云给定高程进行水平切片，将水平切片点云投影生成二值图像。然后，从图像中进行直线提取，由于激光点云的局部噪声，提取的初始化线段出现了角度、距离、冗余、局部缺失等误差。因此，利用 G2o 图优化理论对误差线全局一致性进行改正，以此生成结构线的平面图，保留了局部的细节特征。最后，融合平面的三维高程信息、线的几何结构、分割房屋的语义信息重建高精度室内三维模型。重建的室内场景包括：地下停车场、弯曲的走廊、多层楼的室内房屋。本研究提出的室内建模方法具有自动化程度高、模型精度高、建模速度快的特点。重建的模型具有几何、语义、拓扑连接信息，满足 CityGML 标准中的 LoD3，模型精度基本达到 10cm 以内，可用于三维可视化、几何操作和应用分析等。

本章首先介绍了图优化的相关理论，以此为基础，详细地阐述了基于房屋语义约束和 G2o 优化方法的结构线提取、全局一致性改正的相关处理步骤，以及模型重建过程。

4.1 图优化框架理论

图优化理论是机器人和计算机视觉中重要的研究问题，其中包括同步定位与建图(SLAM)或束调整(BA)等。图优化本质上是一个优化问题，优化问题一般有三个因素被考虑，主要包含：目标函数、优化变量、优化约束[148]。误差函数优化问题的数学表达式通常为：

$$\min_{x} f(x) \tag{4.1}$$

$$\frac{\mathrm{d}f}{\mathrm{d}x}=0 \tag{4.2}$$

由于有时候 $f(x)$ 的形式太复杂，难以通过导数进行求解，因此，一般使用 Gauss-Newton(GN)法和 Levenberg-Marquardt(LM)法两种迭代方法求解，迭代过程主要包括如何确定下降方向和选择合适的步长。

图优化，顾名思义就是用图的形式来表达误差函数的最小二乘优化问题，图是由若干个顶点和若干个边构成，将图表达为 $G=\{V, E\}$，其中 V 为顶点集合，E 为边集合[149]。当边是有方向的，则对应的图为有向图，否则，为无向图。图中的边可以连接着若干个顶点，分别可以连接一个顶点、两个顶点或多个顶点。

图优化最先是在 SLAM 领域被应用的，在 SLAM 里，图优化一般分解为两个任务：①构建图：机器人位姿作为顶点，位姿间关系作为边；②优化图：调整机器人的位姿(顶点)来尽量满足边的约束，使得误差最小[149]。

当 SLAM 机器人在 k 时刻的位置 x_k 时，通过传感器测量，得到的观测数据为 z_k，因此，观测方程为：

$$z_k = h(x_k) \tag{4.3}$$

由于观测误差的存在，误差值为：

$$e_k = z_k - h(x_k) \tag{4.4}$$

式中，位置 x_k 为待优化变量，使得误差值最小 $\min_{x} F_k(x_k)=\|e_k\|$，类似于优化最小二乘[150]。

在图中的顶点作为优化变量，同时，边为观测方程，由于边可以连接一个或多个顶点，因此将观测方程写成 $z_k=h(x_{k1}, x_{k2}, \cdots)$。在图中有各种各样的顶点和边，都是用图来优化的。若一个具有 n 条边的图，其目标函数可以写成：

$$\min_{x} \sum_{k=1}^{n} e_k(x_k, z_k)^{\mathrm{T}} \boldsymbol{\Omega}_k e_k(x_k, z_k) \tag{4.5}$$

式中，信息矩阵 $\boldsymbol{\Omega}$ 是协方差矩阵的逆，$\boldsymbol{\Omega}_{ij}$ 中每个元素看作 $e_i e_j$ 的系数，是误差项 e_i，e_j 相关性的预计，同时表明对此项误差的重视程度。由于 z_k 是已知的，将其写成简单的数学表达式 $e_k(x_k)$，因此总体优化可以写成 n 条边加和的形式：

$$\min F(x)=\sum_{k=1}^{n} e_k(x_k)^{\mathrm{T}} \boldsymbol{\Omega}_k e_k(x_k) \tag{4.6}$$

在迭代优化的过程中需要一个初始点和迭代方向，假设初始点为 $\tilde{x}_k$，并给一个增量 Δx，边的估计值为 $F_k(\tilde{x}_k+\Delta x)$，误差值从 $e_k(\tilde{x})$ 变为 $e_k(\tilde{x}+\Delta x)$，对误差项进行一阶展开为：

$$e_k(\tilde{x}_k + \Delta x) \approx e_k(\tilde{x}_k) + \frac{\mathrm{d}e_k}{\mathrm{d}x_k}\Delta x = e_k + J_k\Delta x \tag{4.7}$$

J_k 是 e_k 关于 x_k 的导数，矩阵形式下是雅克比矩阵。

对于第 k 条边的目标函数为：

$$\begin{aligned} F_k(\tilde{x}_k + \Delta x) &= e_k(\tilde{x}_k + \Delta x)^{\mathrm{T}}\Omega_k e_k(\tilde{x}_k + \Delta x) \\ &\approx (e_k + J_k\Delta x)^{\mathrm{T}}\Omega_k(e_k + J_k\Delta x) \\ &= e_k^{\mathrm{T}}\Omega_k e_k + 2_k^{\mathrm{T}}\Omega_k J_k\Delta x + \Delta x^{\mathrm{T}} J_k^{\mathrm{T}}\Omega_k J_k\Delta x \\ &= C_k + 2b_k\Delta x + \Delta x^{\mathrm{T}}\boldsymbol{H}_k\Delta x \end{aligned} \tag{4.8}$$

其中，二次项 $\boldsymbol{H}_k$ 为黑塞矩阵，在 x_k 发生增量后，目标函数 F_k 项改变的值为：

$$\Delta F_k = 2b_k\Delta x + \Delta x^{\mathrm{T}}\boldsymbol{H}_k\Delta x \tag{4.9}$$

增量 Δx 的导数为：

$$\frac{\mathrm{d}F_k}{\mathrm{d}\Delta x} = 2b_k + 2H_k\Delta x = 0 \Rightarrow H_k\Delta x = -b_k \tag{4.10}$$

在 SLAM 求解过程中，每一次迭代都需要雅克比矩阵和黑塞矩阵，在图中有很多条边，因此，有很多个待估计的参数，这是一个非常困难的过程。然而，在 SLAM 的求解中，图中所有的顶点并不可视，因此，图并不是全联通，彼此之间是非常稀疏的。在数学表达式中，虽然目标函数 $F(x)$ 有很多项，但顶点 x_k 只会出现在和它有关的边中，在总体的雅克比矩阵中，和 x_k 无关的那一列大部分为零，只有少数与 x_k 顶点相连的边是非零的，因此得到稀疏矩阵。稀疏代数库包括：SBA、PCG、CSparse、Cholmod 等。最终，改变每个顶点的值，进行了全局优化。

Rainer Kummerle 提出了 G2o (General Graph Optimization)，其称为通用的图优化[151]，该方法是通过图来优化非线性误差函数。G2o 的核里带有各种各样的求解器，而它的顶点、边的类型则多种多样，方便于误差函数的求解。在实际中，如果优化问题可以用图进行表示，则仅仅可以通过自定义边和顶点，就可以利用 G2o 进行优化求解，该算法具有很强的适应性。很经典的应用例子为：bundle adjustment、ICP、数据拟合等[152]。在下文中，我们将提取的初始化线段构成图，利用 G2o 进行全局一致性改正，以此得到规则化线段。

4.2 基于线、面混合的多细节室内模型重建

针对非曼哈顿世界的异形房屋，仅仅依赖规则平面难以保证重建模型的精度和准确性，因此，本书提出融合线、面特征相互约束机制的室内模型重建方法。该方法突破了曼哈顿世界的限制，可以重建多种异形场景的室内模型，该算法具有较高的自动化程度和建模精度。首先，对分割的单房屋点云给定高程进行水平切片，将切片点云转化为二值图像，基于像素梯度值进行区域生长，从图像中提取精细的边

界信息。然而，由于激光点云的局部噪声，使得提取的初始化线段出现了角度、距离、冗余、局部缺失等误差；因此，本书针对线段的局部误差，利用通用的图优化框架——G2o 进行全局一致性改正，以此得到平面图，该平面图的结构线具有语义信息和细节结构特征；最后，融合面要素的高程信息、线要素的细节结构特征和分割单房屋的语义约束重建高精度的室内三维模型。本书验证了相关理论和算法的正确性和有效性，该成果可为通用化矢量模型重建提供有效的解决方案，为室内智能位置服务奠定坚实的理论和技术基础。

4.2.1 线要素的提取与全局优化改正

针对分割后具有语义信息的单房屋(如图 4.1(a))，在距离天花板一定高度进行水平切片，并通过连通性分析以过滤点云切片中的异常值，结果如图 4.1(b)所示。将水平切片的点云投影至水平面，并转换为二值图像，像素大小为 5cm×5cm，如图 4.1(c)所示。利用线段检测器(LSD)[106]从二值图像中提取直线。该方法是通过区域生长的策略，以较大梯度的像素作为种子点，以给定的角度阈值作为生长条件，自动化聚类梯度值相似的像素单元，以此完成线段的提取，结果如图 4.1(d)所示，不同标记房屋的线要素以不同颜色显示。将单房屋点云转化为图像，并提取具有语义信息的直线段，不仅保留局部的结构特征，同时也大大提高了计算效率。

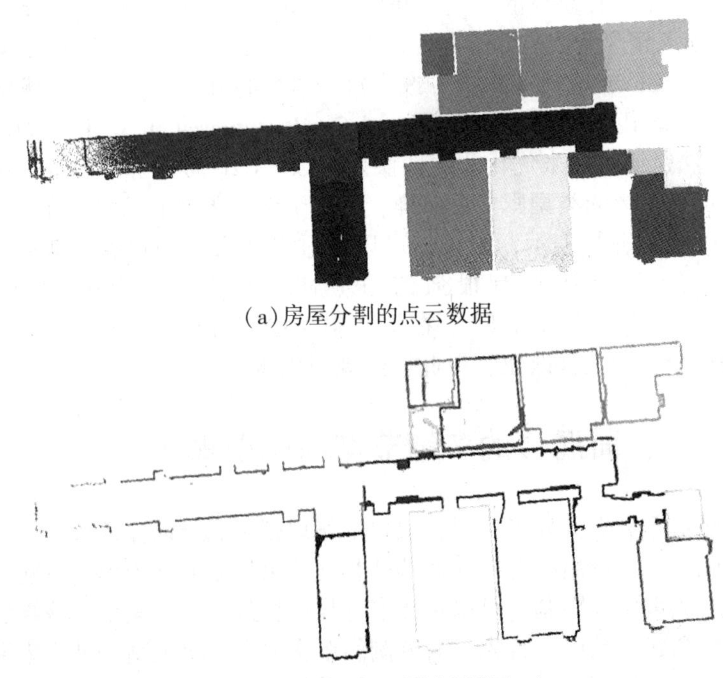

(a)房屋分割的点云数据

(b)给定高度切割不同房屋的点云

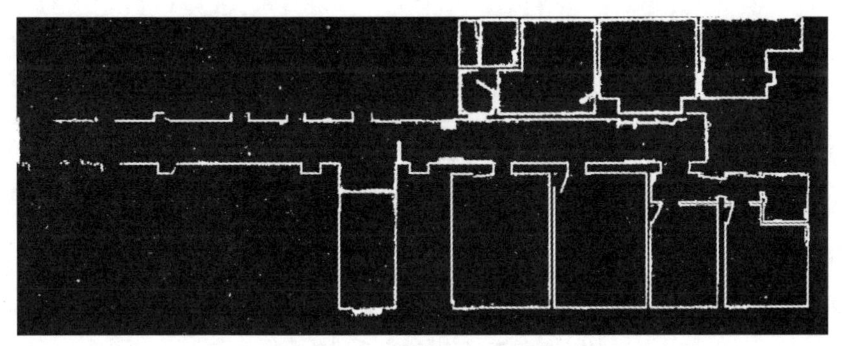

(c)将点云转化为二值图像

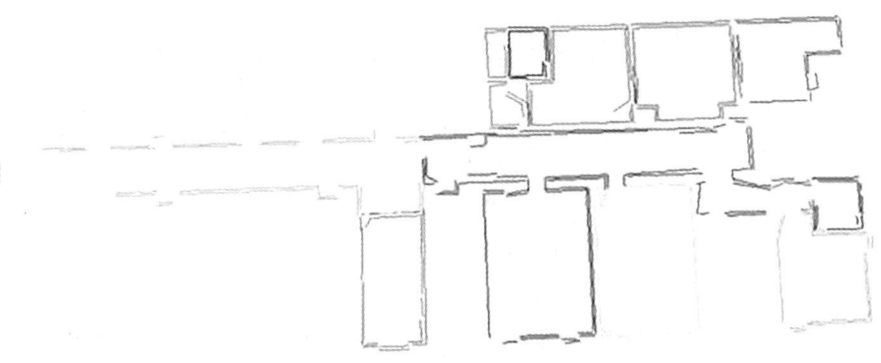

(d)从点云中提取具有语义信息的线段

图 4.1 提取具有语义信息的线段

如图 4.1(d)所示，提取的初始化线段能够保留场景的细节特征，然而，由于激光点云本身具有信息丢失、空洞、噪声等问题，提取结果主要存在四种误差：角度偏差、距离偏差、冗余度过大、边界不完整。本节基于 Bauchet 提出图像多边形分块算法[107]，图优化理论和 G2o 求解器对线段的角度和距离偏差进行全局一致性改正，示意图如图 4.2(a)和图 4.2(b)所示。在图优化过程中，将提取的初始化线段作为顶点，将邻近的线段间关系作为边，以此构成图，通过调整顶点来满足边的约束，确保全局误差最小。因此，该优化问题表示为能量函数最小化，改正公式为(4.11)，权值参数 λ 被用来平衡数据项和光滑项[107]。

$$E(x) = (1 - \lambda) \cdot D(x) + \lambda \cdot B(x) \tag{4.11}$$

对于角度改正，数据项 $D(x)$ 被用来改正与初始方向的角度偏差，表达式为：

$$D(x) = \frac{1}{n} \sum_{i=1}^{n} \left(\frac{x_i}{\theta_{\max}} \right)^2 \tag{4.12}$$

角度改正值 $x_i \in [-\theta_{\max}, \theta_{\max}]$，被添加到线段 i 的初始方向，顺时针的方向为正，逆时针为负；$\theta_{\max}$ 是角度改正阈值，可以根据点云的质量进行调整，n 是提取线段总数量。

光滑项 $B(x)$ 被用来改正相邻线段之间的几何关系，表达为：

$$B(x)=\frac{1}{\sum_{i=1}^{n}\sum_{j=1}^{k}u_{ij}}\sum_{i=1}^{n}\sum_{j=1}^{k}u_{ij}\frac{|\theta_{ij}-(|x_j|+|x_i|)|}{4\theta_{\max}} \tag{4.13}$$

$$\theta_{ij}=\begin{cases}\theta_{ij}\pm 2\pi & \text{if}\left(\frac{7}{4}\pi\leqslant|\theta_{ij}|\leqslant 2\pi\right)\\ \theta_{ij}\pm\frac{3}{2}\pi & \text{if}\left(\frac{5}{4}\pi\leqslant|\theta_{ij}|\leqslant\frac{7}{4}\pi\right)\\ \theta_{ij}\pm\pi & \text{if}\left(\frac{3}{4}\pi\leqslant|\theta_{ij}|\leqslant\frac{5}{4}\pi\right)\\ \theta_{ij}\pm\frac{1}{2}\pi & \text{if}\left(\frac{1}{4}\pi\leqslant|\theta_{ij}|\leqslant\frac{3}{4}\pi\right)\\ \theta_{ij} & \text{otherwise}\end{cases} \tag{4.14}$$

$$u_{ij}=\begin{cases}1, & \text{if}(|\theta_{ij}|<2\theta_{\max})\\ 0, & \text{otherwise}\end{cases}$$

θ_{ij} 是相邻线段 s_i，s_j 之间的夹角($\theta_{ij}\in[-2\pi, 2\pi]$)，改正后的相邻线段尽量接近平行、垂直或者共线，因此，夹角 θ_{ij} 调整到更为接近坐标轴，其表达式为(4.14)。此外，如果 $|\theta_{ij}|<2\cdot\theta_{\max}$，参数 $u_{ij}=1$，否则 $u_{ij}=0$，目的是相邻线段的夹角若在阈值范围内，则进行优化，否则不优化。同时，角度阈值 $\theta_{\max}$ 使得改正角度后不能过分偏离自身的方向。k 是与线段 s_i 相邻线段的个数，是以线段 s_i 为中心，从剩余的直线中寻找其 k 最邻近值。经过角度全局优化改正的线段如图 4.3 所示，可以发现改正后的线段更规则，接近现实室内结构。

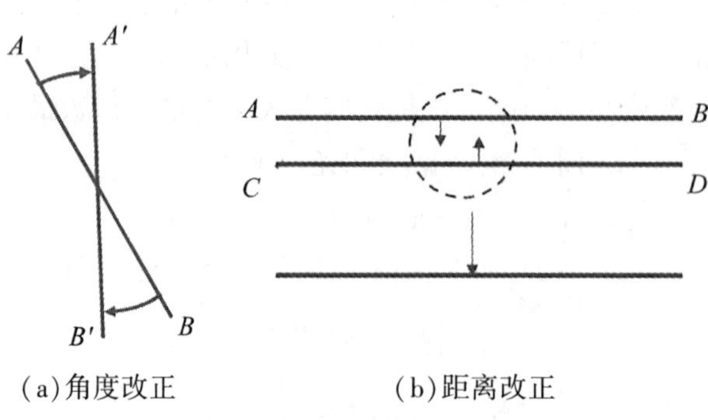

图 4.2　角度和距离的全局改正

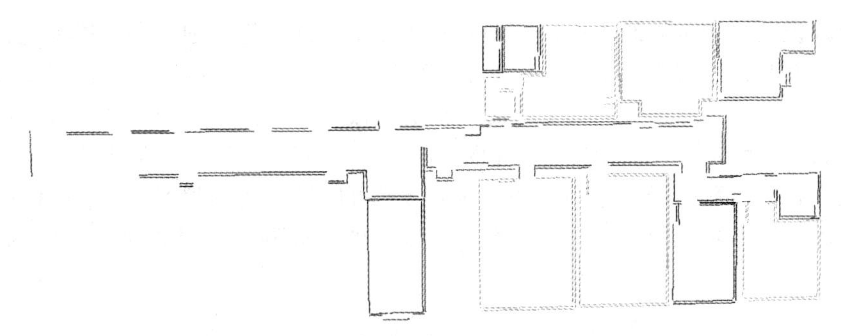

图 4.3 线段经过角度全局优化改正的结果图

由于原始点云数据具有一定的距离误差，角度改正后的线段仍存在位置上的偏差，如图 4.3 所示。因此，需要在此基础上进行距离改正，原理与角度改正类似，表达式为(4.15)：

$$
\begin{aligned}
D(x) &= \frac{1}{n}\sum_{i=1}^{n}\left(\frac{x_i}{d_{\max}}\right)^2 \\
B(x) &= \frac{1}{\sum_{i=1}^{n}\sum_{j=1}^{k}u_{ij}}\sum_{i=1}^{n}\sum_{j=1}^{k}u_{ij}\frac{\left|d_{ij}-(|x_j|+|x_i|)\right|}{4d_{\max}} \\
u_{ij} &= \begin{cases}1, & (|d_{ij}|<2d_{\max}) \\ 0, & \text{其他}\end{cases}
\end{aligned}
\tag{4.15}
$$

式中，$x_i \in [-d_{\max}, d_{\max}]$ 是沿着线段 s_i 的法向量的改正距离，d_{ij} 是相邻平行线段 s_i，s_j 之间的距离值。如果该距离值满足 $|d_{ij}|<2d_{\max}$，则 $u_{ij}=1$，否则，$u_{ij}=0$，因此，相邻线段的位置偏差若在阈值范围内，则进行优化，否则不优化。线段经过全局距离改正的结果如图 4.4 所示，改正后的线段具有正确的几何位置。

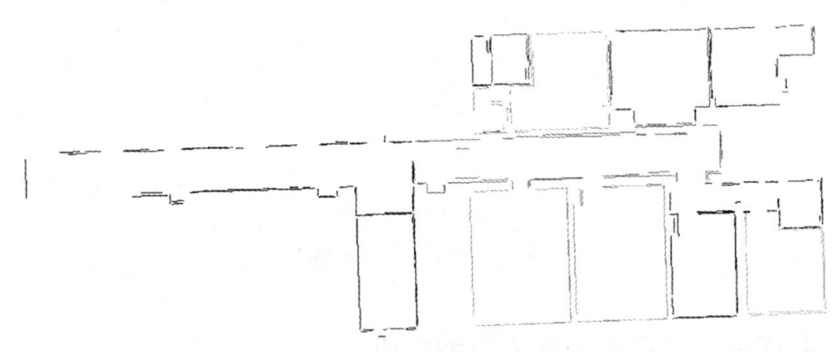

图 4.4 经过距离改正后的线段

线段误差项的全局改正后，室内场景仍是由不同标签的独立小线段表达，冗余度过大，因此，需要进一步聚类，以此确定主线段。受到 Canny J. 研究成果的启发，利用区域增长算法聚类具有相似特征的线段。首先，统计与每条小线段相似线段的个数，即满足定义的角度阈值和距离阈值，将相似线段个数从大到小排序，将具有较大相似个数的线段作为种子线段(很有可能属于主线段)，每个相似区域将种子线段作为开始，判断其他线段与种子线段的方向和距离是否满足一定的阈值，公式为(4.16)：

$$\begin{aligned} &\Delta D = s_{nx} \cdot x_m + s_{ny} \cdot y_m + s_{\text{offset}} \quad, \Delta D < d_{\text{threshold}} \\ &\Delta A = a\cos\left(\frac{\boldsymbol{s}_n \cdot \boldsymbol{s}_{on}}{|\boldsymbol{s}_n||\boldsymbol{s}_{on}|}\right) \quad, \Delta A < a_{\text{threshold}} \end{aligned} \tag{4.16}$$

式中，$(s_{nx},\ s_{ny},\ s_{\text{offset}})$ 是种子线段的参数值，$\boldsymbol{s}_n$ 是法向量，$(x_m,\ y_m)$ 是其他线段的中心点，$\boldsymbol{s}_{on}$ 是其他线段的法向量，如果与种子线段间的角度和距离满足阈值，则将该线段加入种子线段的相似区域(主线段)，重复该过程。最终，主线段是由很多小线段构成，由此可以确定主线段的起点、终点、偏移量和法向量；其中种子线的法向量和平均偏移量作为主线段的最终参数，然后将不同标签的相似线段投影到主线段，以此确定线段的端点并创建边界框，示意图如图 4.5(a)所示，最终的主线段如图 4.5(b)所示。

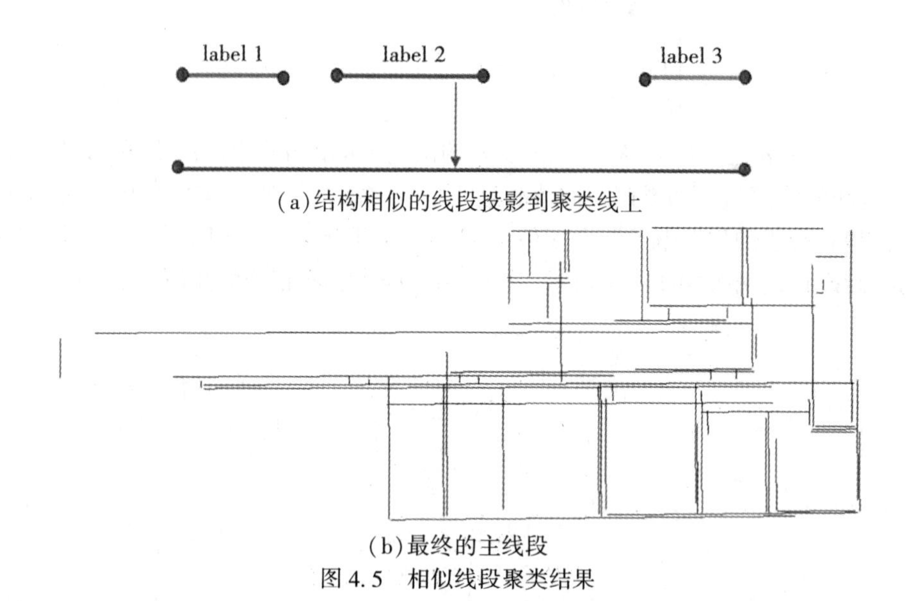

(a)结构相似的线段投影到聚类线上

(b)最终的主线段

图 4.5　相似线段聚类结果

4.2.2　基于线、面混合的室内模型重建

由于 LiDAR 点云局部的缺失，提取的主结构线并不完整，如图 4.5(b)所示。

为了减少线段缺失对模型重建的影响，借鉴2.3节介绍的基于规则面要素的建模方法。主要思路：将主线段的几何结构信息与分割单个房屋的语义信息联合约束，补全模型的结构线，并重建拓扑关系正确的室内三维模型。首先，延长主线段构成封闭的二维平面图，如图4.6(a)所示；平面图中的线具有拓扑结构，同时线段中存有附属房屋的语义信息。将分割单房屋的点云投影到二维多边形平面，如图4.6(a)所示，每个格网根据投影点云来分配标签 $\{l_1, \cdots, l_{\text{Nrooms}}, l_{\text{out}}\}$，包含了室外的标签 l_{out}；每个主线段被划分为一维均匀格网，一维格网标签向量由投影的小线段确定(小线段包含附属于房屋的语义信息)，标签集合为 $\{l_1, \cdots, l_{\text{Nrooms}}, l_{\text{out}}\}$，具有标签的线段被用来分离属于不同房屋的格网。本书的方法与相关研究工作不同[79,87]，是将二维线段直接投影到平面，提升了模型的精度和建模效率。仍通过多标记图割求解能量函数最小化[87]，二维多边形和线段被全局优化构建平面模型，然后根据天花板和地板平面的高程信息将二维平面拉伸为三维矢量模型，重建模型如图4.6(b)所示，该方法能够有效地保留室内场景的细节特征。

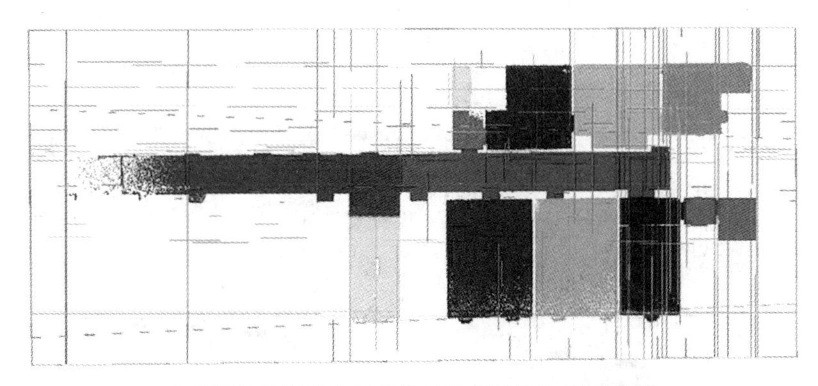

(a)提取的线段和语义信息的线段作为限制条件

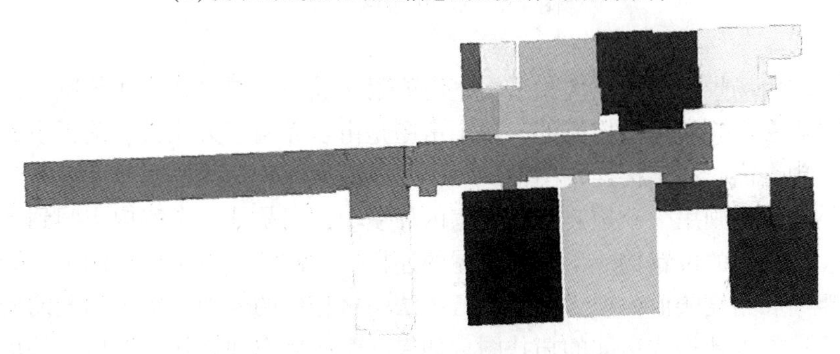

(b)模型重建结果

图4.6 重建室内三维房屋模型

4.2.3　构建房屋的结构关系图

在本研究中，门是基于分割墙面提取的，而房屋的模型重建则是基于原始点云分割单房屋的水平切片，因此，重建的门和房屋模型间有一定的距离误差。如果满足以下条件，则改正距离误差，将门附着于墙面：①门必须与墙平行；②沿着法向量的距离误差应小于 0.2m；③门完全重叠于墙面。连接相邻房间的门是具有厚度的子空间，图 4.7 显示了重构门的室内模型。

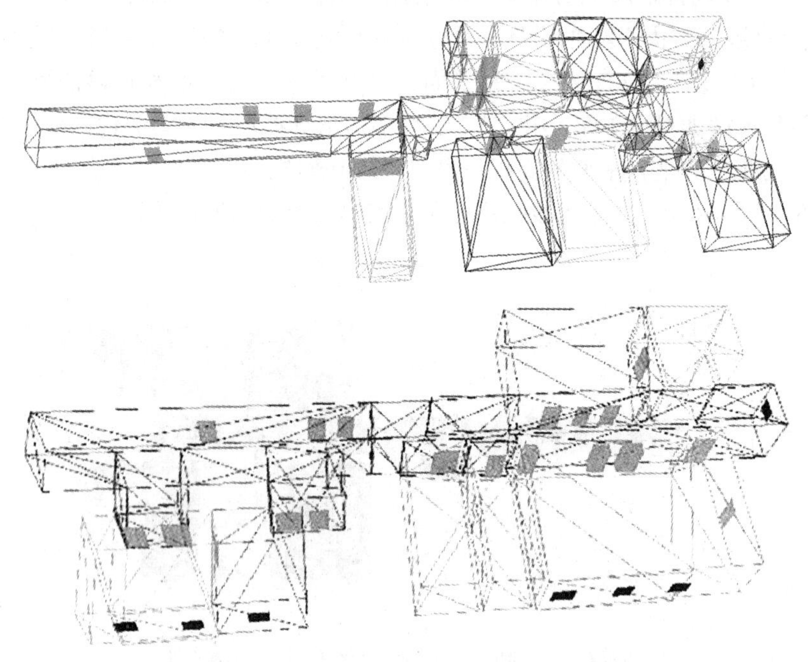

图 4.7　重构门的室内模型

根据室内场景的结构层次关系将室内要素构成一个图，如图 4.8 所示，一个室内场景是由多个连接房屋构成的，每个房屋是由多面墙、天花板、地板组成，门和窗户嵌入到墙面。在结构连接图中，每个场景要素都表达为一个节点，共享同一个边界的结构要素则用一个边连接。在室内环境中，门是从一个室内空间到另一个室内空间，通过门的位置构成了相邻房屋的连接性；此外，对于房屋的每个墙面，在给定的距离和角度阈值内搜索一个平行、法向量相反的墙面，每对匹配的墙面对应相邻的房屋，以此构成房间的拓扑图。如果一个房屋空间连接三个以上的房屋，并且具有多个门，则该空间可能是走廊。多房屋的拓扑连接图如图 4.9 所示，实线是由门连接的邻接关系，虚线是由墙对连接的邻接关系。

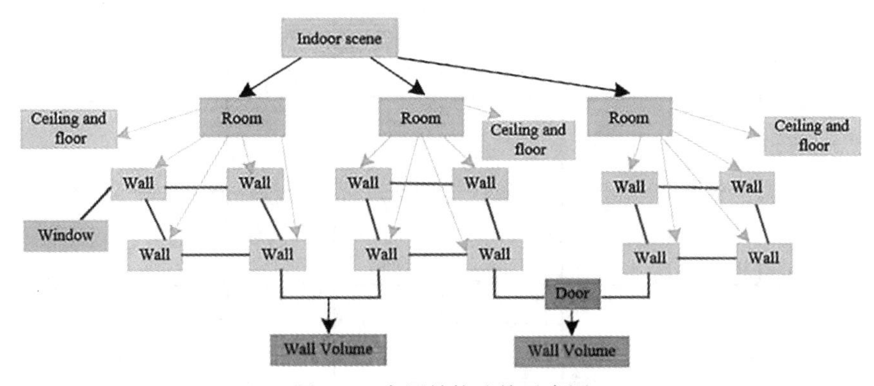

图 4.8 房屋结构连接示意图

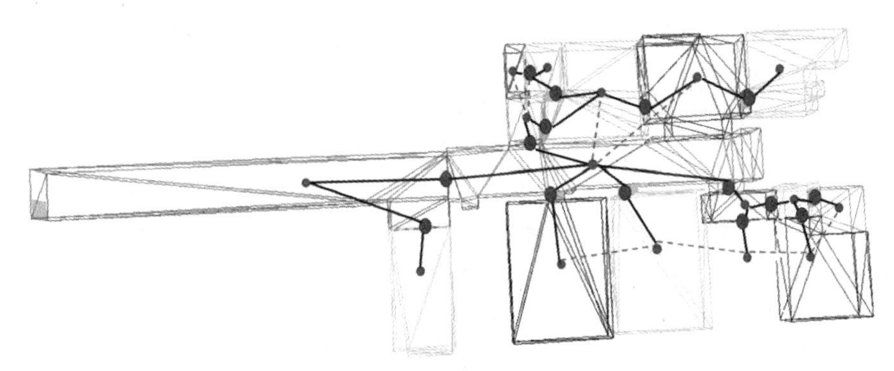

图 4.9 房屋的拓扑连接图

4.2.4 室内模型的三维表达

矢量数据结构和拓扑关系是模型重建的核心内容。构成模型拓扑结构的多边形矢量编码除了有存储效率外，还有独立的形状；在构建数据结构时需要保持拓扑关系和记录方式一致。在模型重建中，首先通过原始点云范围确定场景的矩形包围盒，将拟合的墙面线向两边延长，与包围盒相交，示意图如图 4.10 所示。

由墙面线相交构成的二维定向平面中，存储墙面线交点的索引号和坐标值；在多邻接房屋的室内结构中，同一个墙体连接两个相邻的房屋，房屋墙的法向量分别指向室内，即一个墙体两面的法向量是相反的，如图 4.11 所示。由此，模型中的边采用半边数据结构，每条边都被分成两个方向相反的半边，分别存储它的一个入射面和一个入射点、它的上一个半边和下一个半边，半边结构示意图如图 4.12 所示。

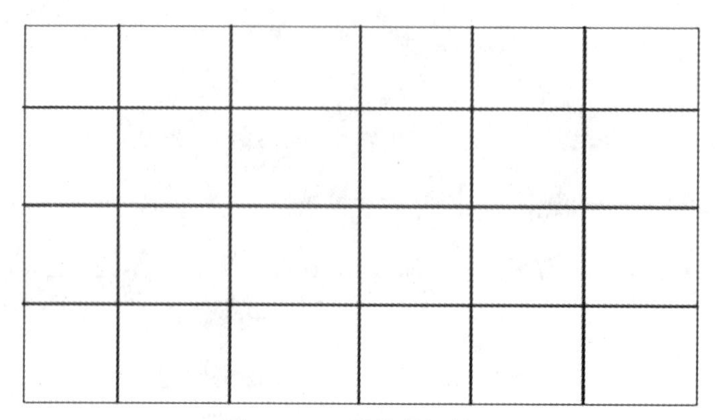

图 4.10　二维线的拓扑图

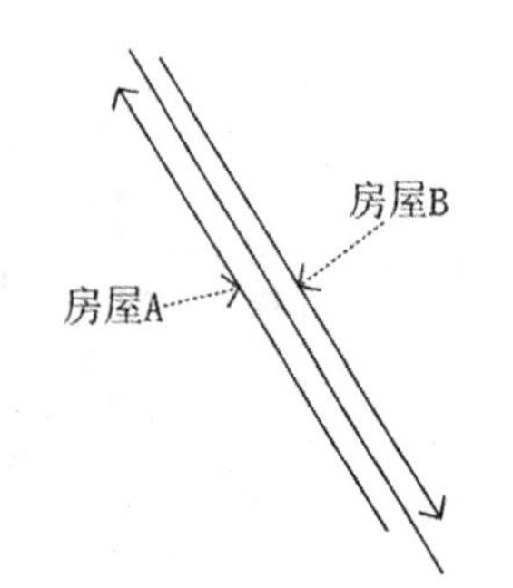

图 4.11　相邻房屋共同的墙

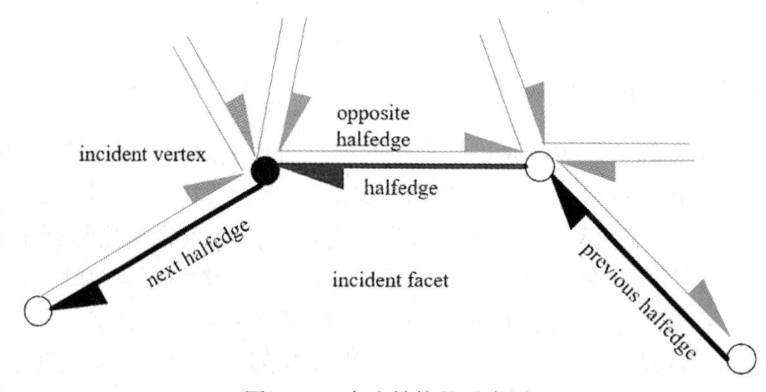

图 4.12　半边结构的示意图

在拓扑结构中，对于顶点我们要记录它对应的半边信息；对于半边我们也要记录对应的顶点信息，每个半边对应入射面；对于模型中的面，则记录它的边界环，且该面对应的第一个边界线；模型中每条墙面线记录所包含的半边线段。同理，对于每条半边结构，存储与其共享同一个墙面的半边数据，以此可以重建整个模型的墙体。通过将每个面单元的标签向量作为数据项，每个半边的标签向量作为光滑项，进行全局优化，以确定每个面单元的标签值。与此同时，更新二维平面中的数据结构和拓扑关系，针对模型所有的边，若每条边的两个半边对应面的标签相同，则将该边删除，只保留划分两个不同标签单元的边，以此完成单个房屋模型的重建，示意图如图 4.13 所示。

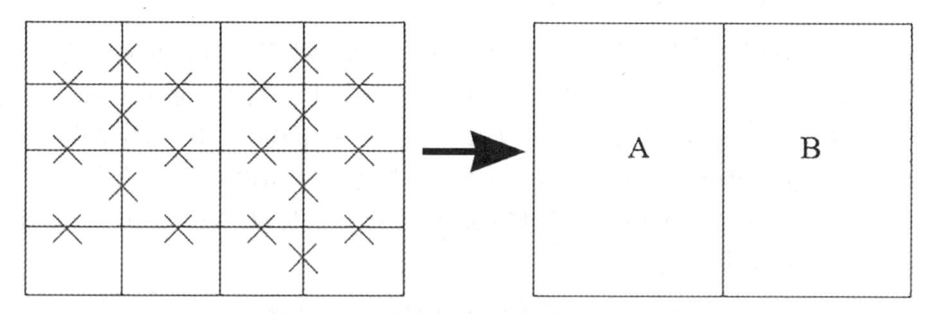

图 4.13 更新相同标签格网的拓扑关系

4.2.5 室内结构化模型

本研究重建的室内三维结构化模型是由结构要素组成的封闭模型，不仅可以用来三维可视化，还具有语义信息、几何信息、拓扑连接信息。

①语义信息：室内空间包括多个楼层，每层包括多个房屋，一个房屋由墙面、天花板、地板、门、窗户、柱子等固定结构要素构成。

②几何信息：重建的室内模型是由点、线、面、体构成的矢量模型，具有三维坐标和空间索引，便于存储、查询、编辑和分析。例如：重建房屋模型中的天花板、墙面、地板、门、窗户、柱子等刚性结构之间具有几何连接信息。

③拓扑连接信息：在重建的室内模型中，门和窗户附着于墙面，一个墙面连接两个相邻的房屋；同样，一个门也连接两个相邻的房屋。走廊是一个较为特殊的房间，具有较长的范围，在同一侧会连接三个以上的房屋，同时具有多个门。结合模型单元的结构特征和门的位置信息将室内各个空间单元构成拓扑图，每个单元作为拓扑图的节点，相邻单元之间作为拓扑图的边。

本书输出的模型是 *.obj 格式的矢量文件，其满足 CityGML 标准中的 LoD3，因此可以转化为相关的 GIS 软件进行空间分析。

4.3　实验验证与分析

本章的研究内容在 Microsoft Visual Studio 2017 编程环境下，调用第三方库 PCL1.8.0、CGAL、G2o，用 C++编程语言自主开发。本节将分别介绍相关实验数据、实验结果，并加以总结分析。

4.3.1　实验数据与相关参数

为了验证本研究提出的室内三维建模算法的有效性和适用性，我们采用国际摄影测量与遥感学会(ISPRS) WG IV/5 "3D indoor modelling"的一份 benchmark 数据 TUB2，以及 5 份真实场景的数据，该实验数据都是基于移动 LiDAR 测量设备采集的激光点云。移动激光设备包括：手持激光扫描仪(ZEB REVO)、背包扫描仪(深大研发的背包扫描仪、厦大研发背包扫描仪)和推车扫描仪(NavVis M6)，各激光设备的技术指标见表 4.1，实验数据如图 4.14 所示。

其中，TUB2 数据具有多层、多房屋的室内结构，数据噪声较低，重建难度适中。深大走廊数据密度不均匀、噪声多、局部缺失，重建难度较大。厦大走廊数据质量较好，细节结构多，重建难度适中；地下停车场数据杂乱，质量低，噪声大、非水平的天花板和地板、有若干根柱子，重建难度较大。两份华为走廊数据噪声较多、形状复杂，重建难度较大。由此，该 6 份室内数据结构复杂、类型多样，非常适合用来测试本研究提出的室内结构化建模算法。

表 4.1　**激光扫描设备技术指标**

激光设备	ZEB REVO	BLS(深大)	BLS（厦大）	NavVis M6
扫描速度(/sec)	43×10^3	300×10^3	300×10^3	300×10^3
最大扫描范围	30m	100m	100m	100m
水平角度分辨率	0.625°	0.1~0.4°	0.1~0.4°	（未向外公开）
垂直角度分辨率	1.8°	2.0°	2.0°	（未向外公开）
转动角度	270°×360°	30°×360°	2°×30°×360°	360°×360°
相对分辨率	2~3cm	3~5cm	2~5cm	5mm
主要硬件	1 个激光头	2 个激光头，1 个相机	2 个激光头	4 个激光头，6 个相机

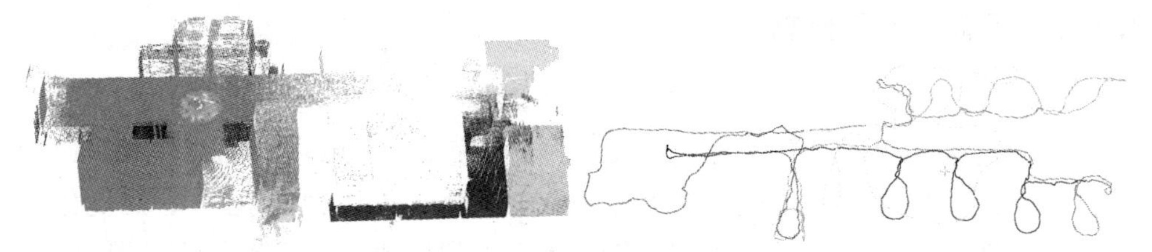

(a)ZEB-REVO 手持激光扫描设备采集的 TUB2 激光点云和轨迹点数据

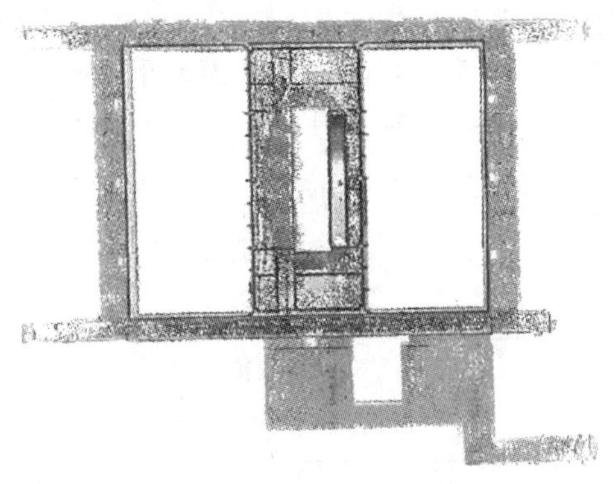

(b)深大背包激光扫描仪采集走廊点云数据

(c)厦大背包激光扫描仪采集走廊点云

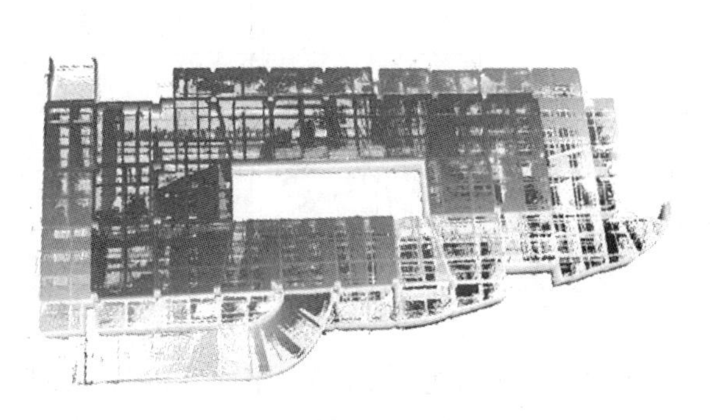

(d)厦大背包激光扫描仪采集停车场点云

(e)NavVis M6 推车激光设备采集的华为走廊 A　(f)NavVis M6 推车激光设备采集的华为走廊 B

图 4.14　实验数据

4.3.2　实验结果与分析

本研究提出的建模算法主要依赖的实验参数见表 4.2。通过实验发现，利用较少的建模参数可以重建不同类型室内场景的三维模型，即建模参数对室内场景并不敏感，因此，本书提出的算法具有很强的自适应性。其中，在线段的全局优化时，θ_{max} 和 d_{max} 是线段角度和距离改正阈值，K 是每个线段的邻近线段，λ 是平衡能量函数数据项和平滑项的权重参数；在聚类相似线段时，a_{thread} 和 b_{thread} 是角度和距离阈值；在重建结构化模型时，借鉴规则面要素的模型重建方法，α，β，γ 是多标记图割的参数。本研究从重建模型的可视化结果、语义信息以及空间拓扑关系定性地评价算法的性能，如图 4.15 至图 4.21 所示。

表 4.2　　实验参数

项目	参数	参数值	参数描述
线段的全局优化	θ_{max}	$0° \leqslant \theta_{max} \leqslant 45°$	线段的角度改正
	d_{max}	$0 \leqslant d_{max} \leqslant 0.1$m	线段的距离改正
	K	50	最邻近值线段数目
	λ	0.9	线段全局优化参数
相似线段聚类	a_{thread}	5°	合并相似线段的角度阈值
	d_{thread}	0.1m	合并相似线段的距离阈值
结构化模型重建	α，β，γ	1.0，1.0，0.1	多标记图割参数

室内三维模型重建的可视化结果显示了模型的正确性和完整性。为了保证模型重建的精度，采用可视点云重建室内三维模型，消除墙体厚度估计的误差。对于激光点云数据 TUB2 的重建结果如图 4.15(a)所示，模型保留了墙面的细节信息，相邻房间具有不同高程；同时，模型与原始点云一致性套合，结果如图 4.15(b)所示。

对于深圳大学走廊数据，由于玻璃墙的存在遭受多次反射和折射，点云噪声较多。本研究重建的室内结构化模型具有精细的边界信息，同时具有柱子、门等附属结构，结果如图 4.16(a)和图 4.16(b)所示；其中，闭环多面体走廊空间，需要将检测的多边形作为三角剖分的边界环，通过约束 Delaunay 三角剖分[153]构建。重建的室内模型和点云匹配良好，结果如图 4.16(c)和图 4.16(d)所示。

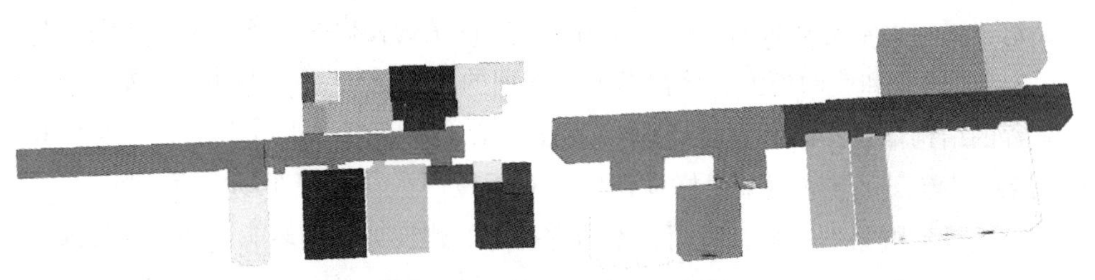

(a)基于激光点云数据 TUB2 重建两层模型结果

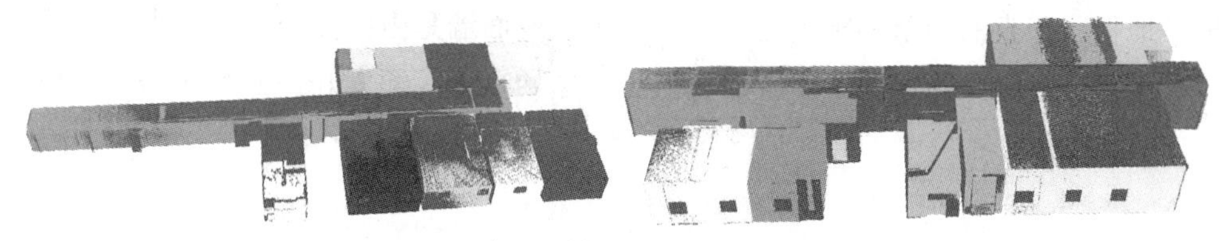

(b)点云和模型的一致性套合

图 4.15 基于激光点云数据 TUB2 重建的模型结果

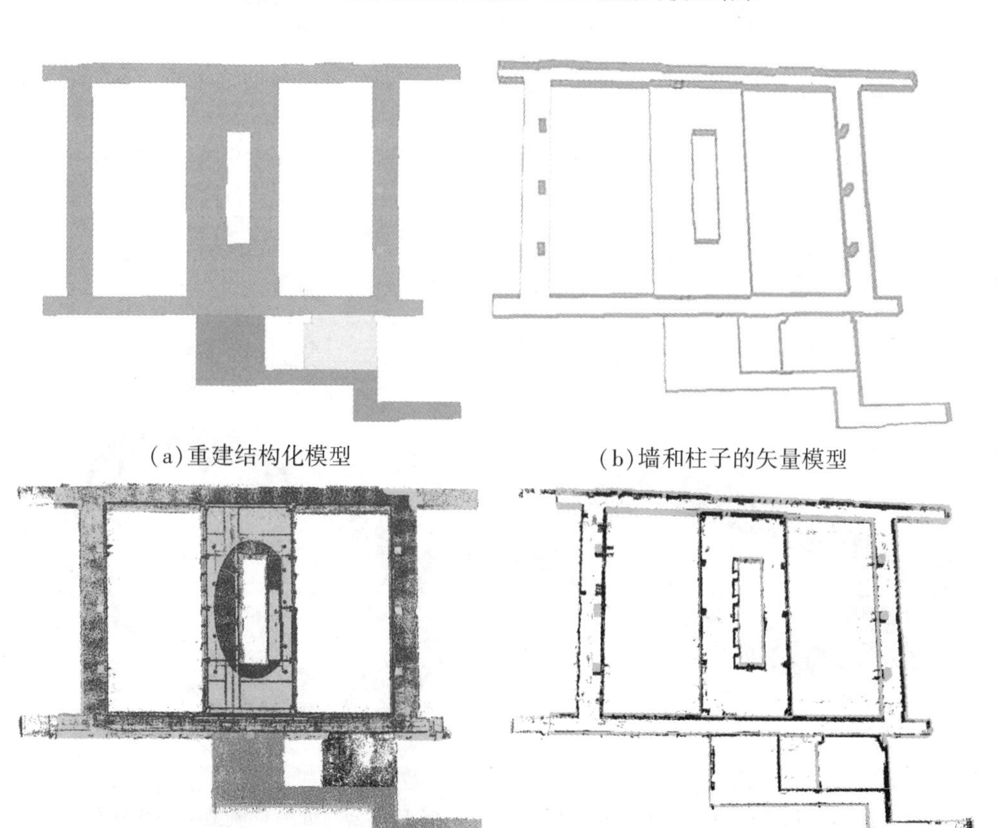

(a)重建结构化模型

(b)墙和柱子的矢量模型

(c)点云和模型的一致性套合

(d)点云与墙、柱子矢量模型的一致性套合

图 4.16 深大走廊的结构化模型结果

对于厦门大学走廊数据，重建高精度的室内结构化模型，图 4.17(a)和图 4.17(b)显示了走廊和墙面模型，该模型具有详细的正则化信息；且同一个房屋具有不同高程的结构信息；门和窗被正确检测并完全嵌入墙内；如图 4.17(c)和图 4.17(d)所示，点云和重建模型很好地匹配。对于厦门大学的停车场，点云噪声过大，严重遮挡导致数据不完整，然而，本研究提出的建模算法仍然能自动化重建高精度的室内模型，如图 4.18(a)和图 4.18(b)所示，包括：闭环多面体、倾斜的天花板、地板、竖直的墙壁和规则化的柱子；一些曲面墙是由许多小多边形表示，并不是真正意义上的曲面。同时，重建的模型与原始点云匹配良好，如图 4.18(c)和图 4.18(d)所示。

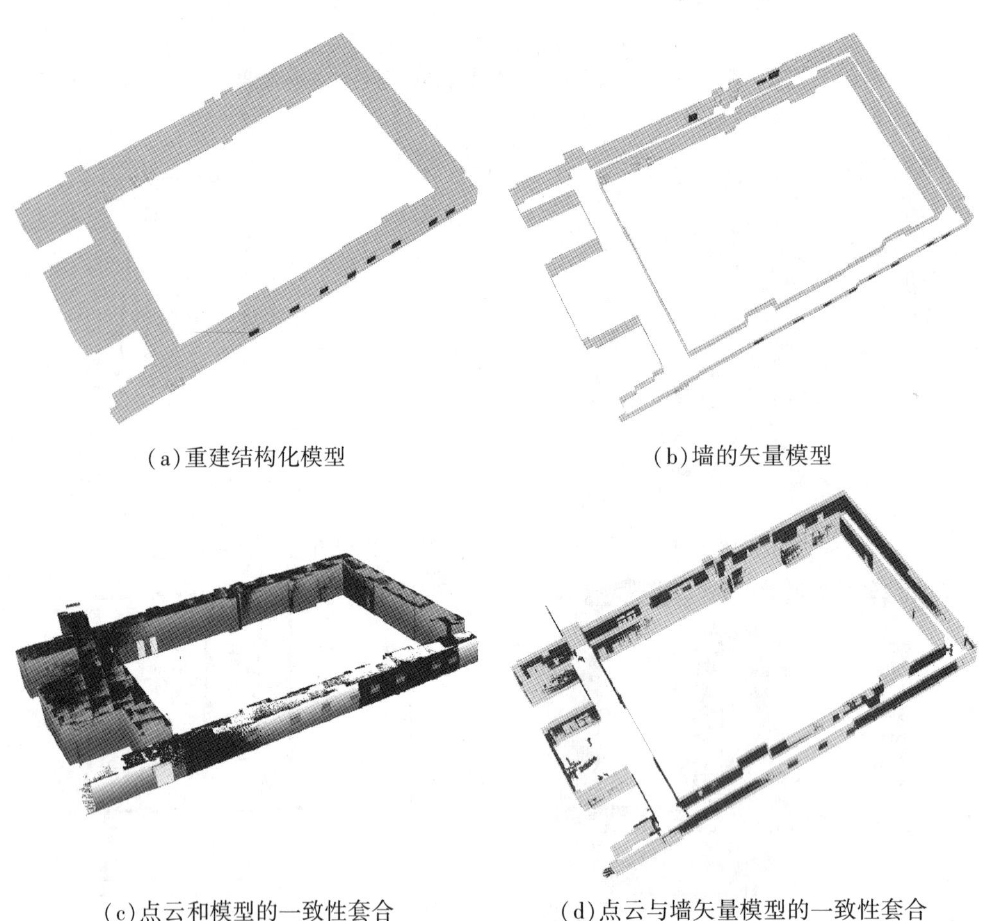

(a)重建结构化模型　　(b)墙的矢量模型

(c)点云和模型的一致性套合　　(d)点云与墙矢量模型的一致性套合

图 4.17　厦大走廊的结构化模型结果

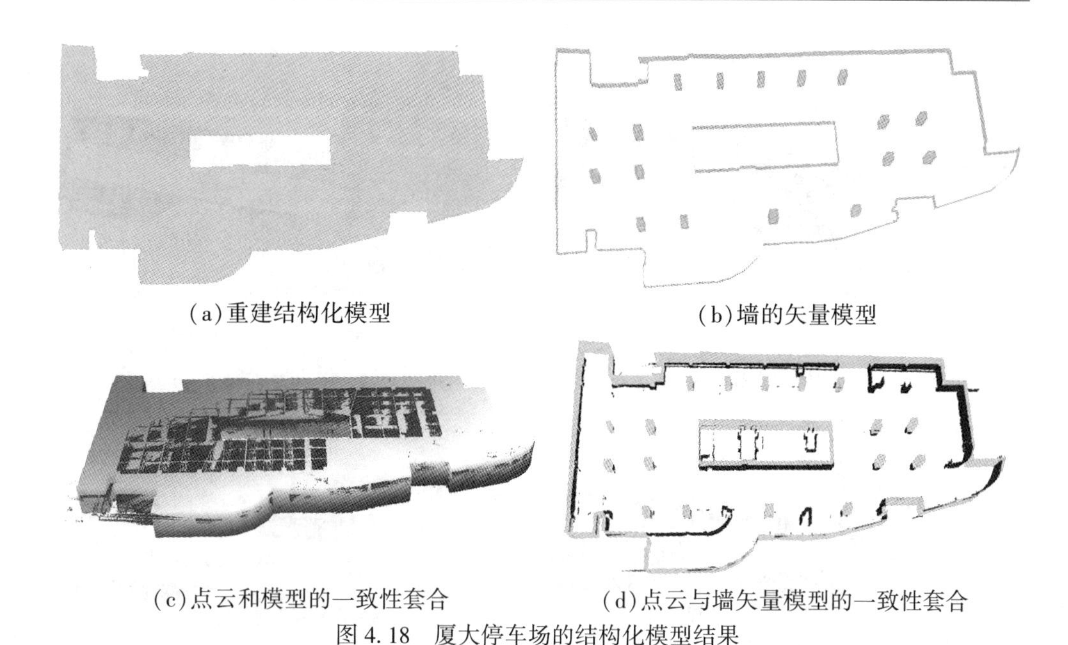

(a)重建结构化模型　　(b)墙的矢量模型

(c)点云和模型的一致性套合　　(d)点云与墙矢量模型的一致性套合

图 4.18　厦大停车场的结构化模型结果

对于华为公司提供的走廊 A 和 B 数据，结构较为复杂，我们重建的模型仍具有高精度的边界信息，如图 4.19 和图 4.20 所示。然而，本研究的算法不能重建华为走廊 B 的“人”字屋顶模型，如图 4.20(c)所示，只是用近似的平面代替，这是本研究算法的不足之处。

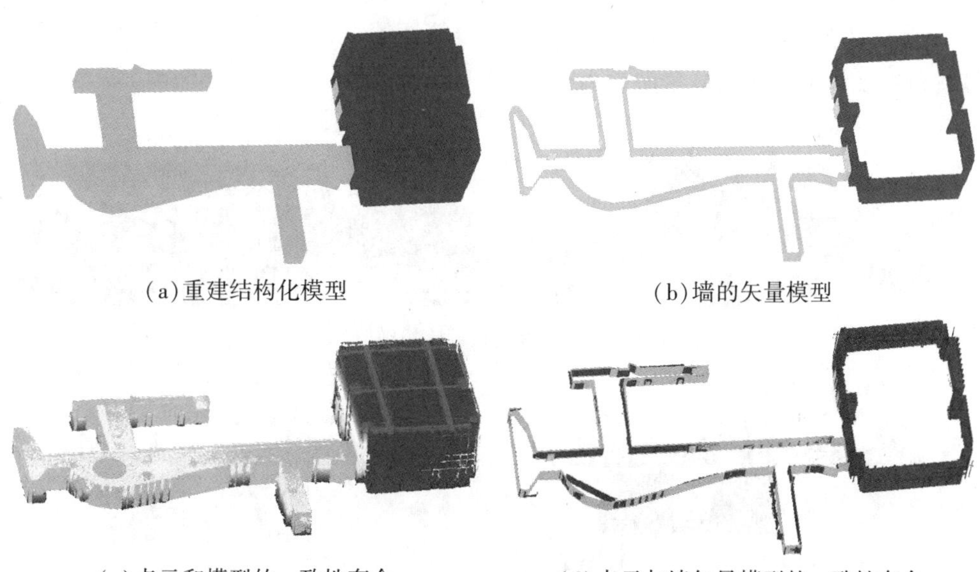

(a)重建结构化模型　　(b)墙的矢量模型

(c)点云和模型的一致性套合　　(d)点云与墙矢量模型的一致性套合

图 4.19　华为走廊 A 的结构化模型结果

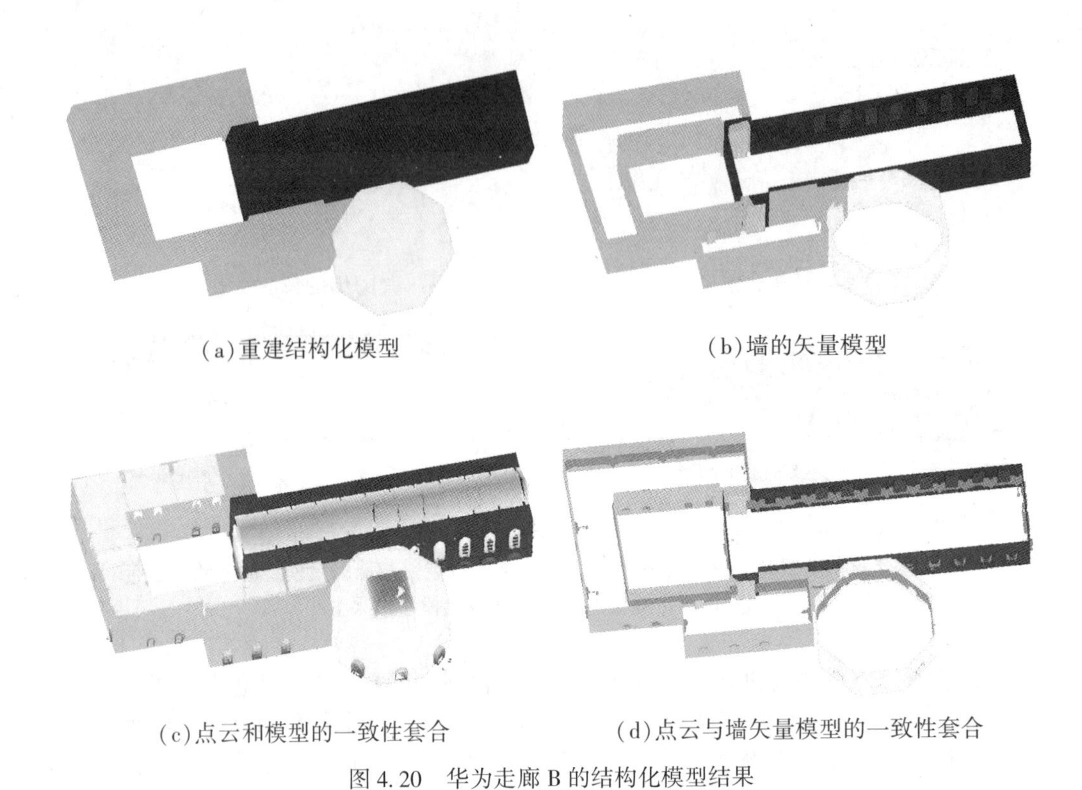

(a)重建结构化模型　　(b)墙的矢量模型

(c)点云和模型的一致性套合　　(d)点云与墙矢量模型的一致性套合

图4.20　华为走廊B的结构化模型结果

图4.21显示了重建模型的更多细节，尽管原始点云具有较多的噪声，本研究算法仍能稳健地重建高质量的室内模型。

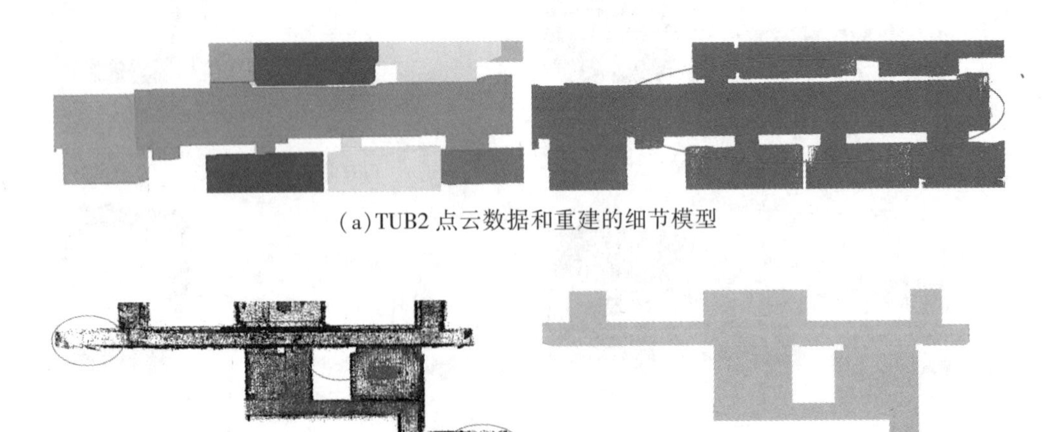

(a)TUB2点云数据和重建的细节模型

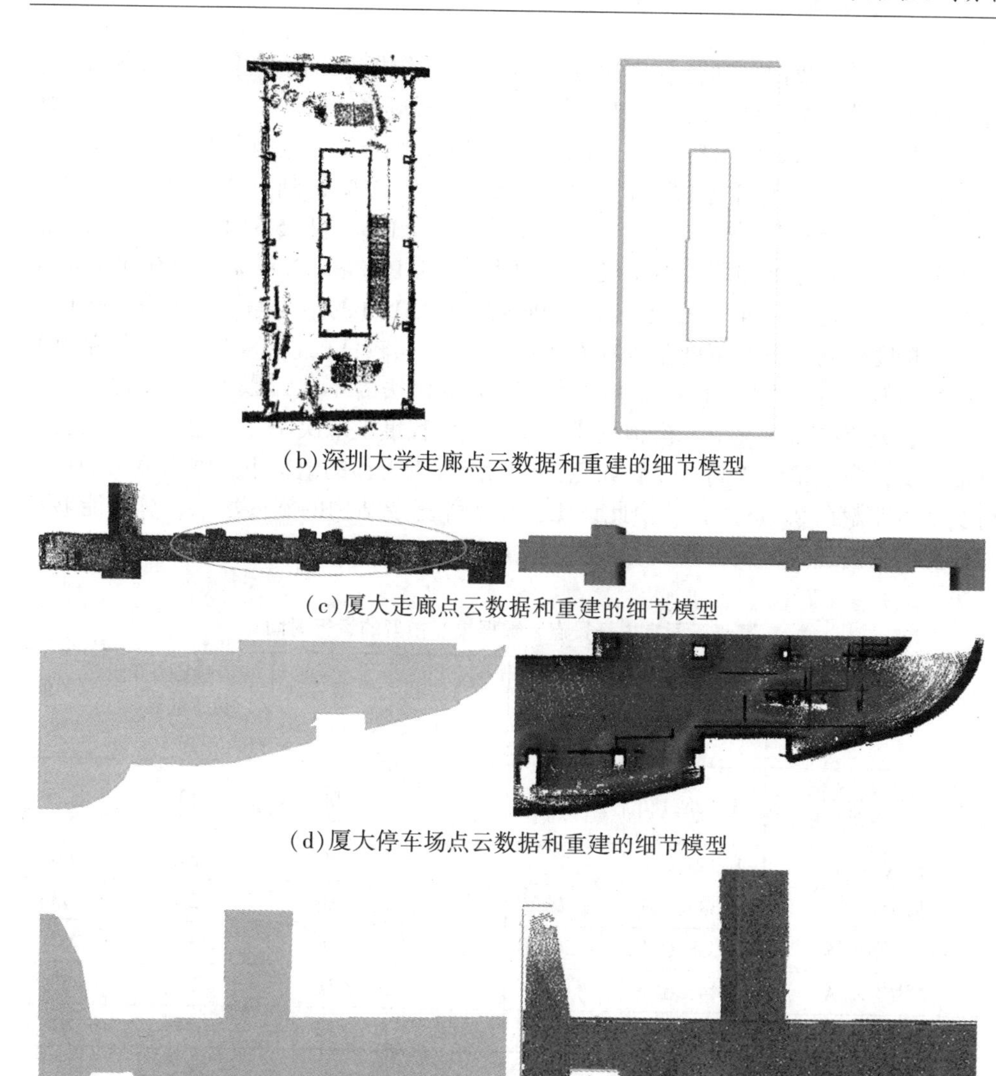

(b)深圳大学走廊点云数据和重建的细节模型

(c)厦大走廊点云数据和重建的细节模型

(d)厦大停车场点云数据和重建的细节模型

(e)华为走廊 A 点云数据和重建的细节模型

图 4.21 重建模型细节可视化

为了定量地评价建模算法的性能，本书对建模时间和几何误差进行统计分析，结果如表 4.3、表 4.4 和图 4.22 所示。对于建模时间(表 4.3)，可以发现 6 份真实数据需要较少的建模时间，只有房间分割处理时间相对较多。本书在室内点云房屋分割时，对于华为走廊 A 和 B，在采集点云数据时，经常会包含室外树木和地面的杂乱点；采用通常的点云几何约束，不能滤除所有的噪声，而且会出现局部缺失，我们通过人工交互去除室外的噪声；除此之外，模型重建的整个过程是自动化完成的，客观来说，我们自动化程度达到 90%以上，本书提出的算法具有较高的自动化程度和建模效率。对于几何误差的统计分析，实际场景并不具有真值，因此，本书计算每个原始点云到对应模型平面的距离作为几何误差，统计结果如表 4.4 和图 4.22 所示。厦大走廊重建模型的精度最高，有 75.83%达到 0.05m 的距离偏差。TUB2 数据重建模型结果显示，一楼和二楼分别有 51.50%和 52.31%达到 0.05m 的距离偏差。深大走廊和厦大停车场重建模型有 25.10%和 32.82%达到 0.05m 的距离偏差。华为走廊 A 重建的模型有 62.96%达到 0.05m 的距离偏差；华为走廊 B 重建模型精度较低，模型精度基本在 0.1~0.15m，其较低的误差主要是本研究用平面模型近似代替了“人”字形屋顶模型，这是本算法的不足。以上实验结果表明：在实验参数相同的情况下，模型重建的精度很大程度上取决于点云的质量，点云的质量越高，模型精度越高。尽管如此，在无需人工干预的情况下，本书算法的重建精度基本控制在 0.1m 之内。由此证明，在多种复杂结构的室内场景，算法能够稳健地重建室内三维模型，其具有很强的适应性。

表 4.3　**基于不同室内场景点云数据重建模型的运行时间**

数据描述	点的数量	面片提取(s)	开口探测(s)	房屋分割(s)	线段规则化和模型重建(s)	总时间(s)
benchmark 数据(包含一楼和二楼)	11,628,186	80	19	287	49	435
深大走廊	1,980,911	9	4	29	24	66
厦大走廊	7,683,766	7	6	0	20	33
厦大停车场	2,098,634	28	0	0	32	60
华为走廊 A	944,361	12	5	21	20	58
华为走廊 B	2,668,002	25	10	32	24	91

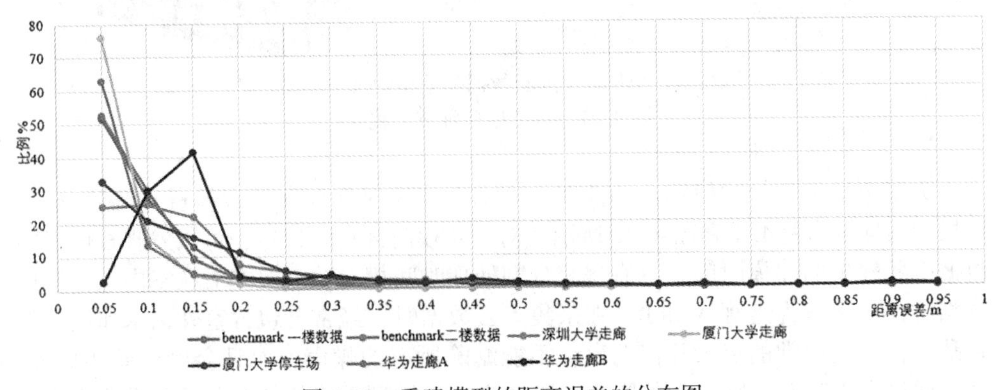

图 4.22　重建模型的距离误差的分布图

表 4.4 不同场景的距离偏差

Error(m)	benchmark 一楼数据(%)	benchmark 二楼数据(%)	深大走廊(%)	厦大走廊(%)	厦大停车场(%)	华为走廊A(%)	华为走廊B(%)
0.05	51.50	52.31	25.10	75.83	32.82	62.96	2.55
0.10	27.68	30.09	25.81	15.49	2.41	13.27	29.84
0.15	12.92	9.36	22.02	4.81	5.51	4.81	41.55
0.20	3.26	3.20	7.45	1.75	0.62	3.60	4.16
0.25	1.73	2.41	5.51	0.62	5.38	3.41	2.52
0.30	1.61	2.11	3.81	0.60	3.30	2.27	4.42
0.35	0.28	0.31	3.02	0.11	2.62	1.46	2.36
0.40	0.21	0.07	2.55	0.11	2.01	1.56	1.76
0.45	0.20	0.01	1.10	0.41	1.37	2.27	3.04
0.50	0.11	0.02	0.81	0.10	1.23	1.77	1.68
0.55	0.10	0.02	0.82	0.02	1.06	0.68	1.21
0.60	0.09	0.01	0.40	0.01	0.91	0.85	0.86
0.65	0.07	0.01	0.51	0.02	0.44	0.37	0.51
0.70	0.07	0.02	0.50	0.05	0.26	0.22	0.92
0.75	0.08	0.01	0.14	0.02	0.27	0.15	0.43
0.80	0.05	0.01	0.12	0.02	0.23	0.11	0.37
0.85	0.02	0.01	0.21	0.01	0.20	0.10	0.39
0.90	0.01	0.01	0.01	0.01	0.25	0.09	0.93
0.95	0.01	0.01	0.01	0.01	0.15	0.05	0.50

4.3.3 传统方法与新方法的建模结果比较

针对多种类型的室内房屋，本书提出的新方法与 Ochmann 的基于规则面建模方法[79]、李霖的建模方法[90]进行比较。模型的定性和定量评价结果如图 4.23 至图 4.26 所示，见表 4.5。对于 TUB2 二楼的点云数据，本书的方法可以恢复缺失部分的拓扑关系，重建的模型具有正确的边界信息和语义信息，如图 4.23(a)所示；基于 Ochmann 方法重建的室内模型局部缺失，不能保留结构的细节特征，如图 4.23(b)所示；李霖的方法较为正确地重建模型框架，如图 4.23(c)所示。对于环状的异形空间，深大走廊、厦大走廊，本书的建模策略可以识别封闭的边界环，并以边界环作为限定条件，进行 Delaunay 三角剖分，重建高精度异形环状模型，如图 4.24(a)所示和图 4.25(a)所示。Ochmann 的方法重建的模型框架错误，如图 4.24(b)所示和图 4.25(b)所示。李霖方法重建的深大走廊模型，局部几何结构错误，如图 4.24(c)所示；同时，该方法受限于异形结构的重建，例如厦大的细长的走廊和华为曲面的走廊。然而，本书方法可以高精度地重建华为走廊模型，如图 4.26(a)所示。由此，可以发现本书方法提出的边界线自动提取和误差线的全局一致性改正，是保证模型精度的关键。同时，针对结构复杂、数据噪声较大的深大走廊、厦大的停车场和华为走廊 A，本书方法的方法明显优于传统的建模方法，具有很强的适应性。

同时，模型结果的定量评价见表 4.5，分别为从模型重建时间、模型精度在 0.05m 和 0.1m 以内的比例值进行评价。相比于传统的建模方法，本书提出的算法可以用较短的时间重建较高的模型精度。尤其是针对噪声较大的深圳大学走廊和华为走廊 A 的数据，有 50.91%和 76.23%已达到 0.1m 以内的精度。总的来说，本书提出的建模方法，可以保留局部的细节结构；同时针对点云稀疏或缺失部分，可以自动恢复其结构形态；并且具有模型精度高、建模速度快的优势。

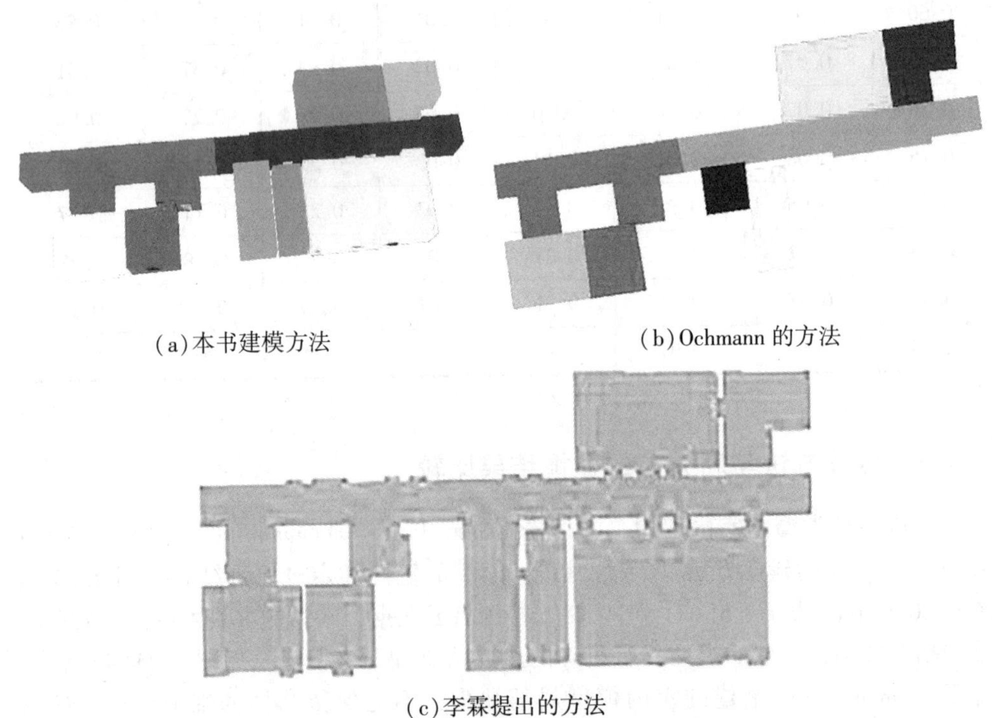

(a)本书建模方法　　(b)Ochmann 的方法

(c)李霖提出的方法

图 4.23　TUB2 二楼数据的重建模型

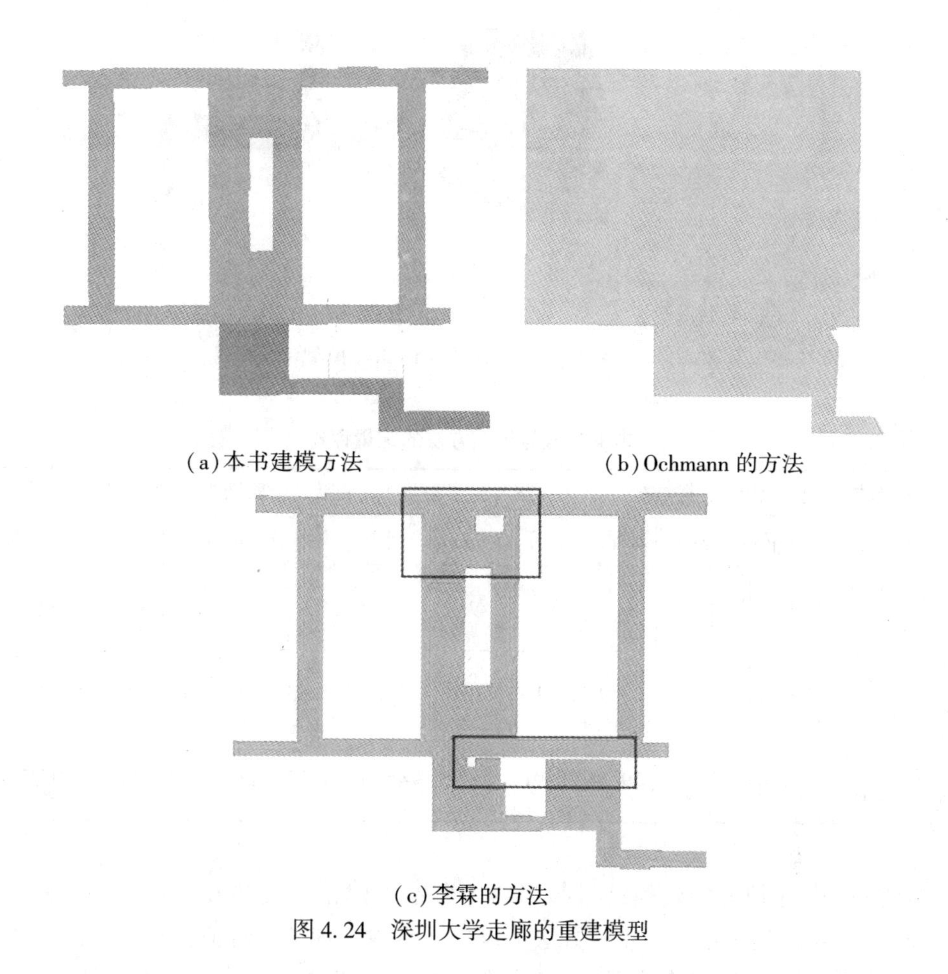

(a)本书建模方法　　(b)Ochmann 的方法

(c)李霖的方法

图 4.24　深圳大学走廊的重建模型

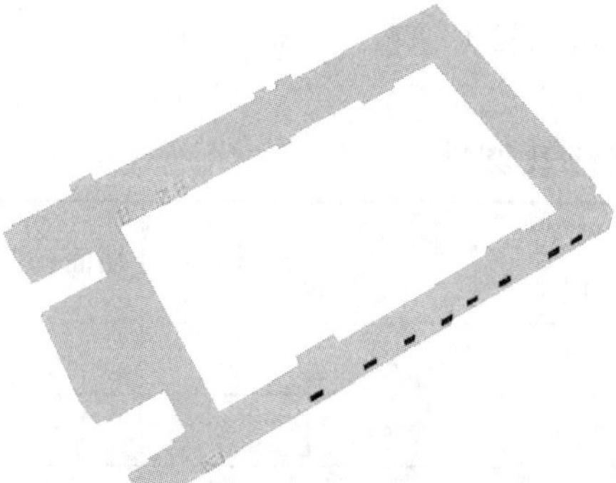

(a)本书建模方法　　(b)Ochmann 的方法

图 4.25　厦大走廊的重建模型

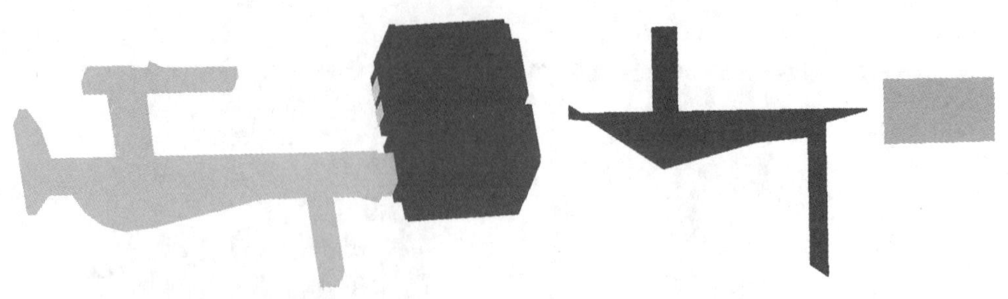

(a)本书建模方法　　(b)Ochmann 的方法

图 4.26　华为走廊 A 的重建模型

表 4.5　**本书方法与传统方法的定量评价**

实验数据	TUB2 二楼数据			深大走廊数据			厦大走廊数据		华为走廊 A 数据	
对比方法	本书	Ochmann	李霖	本书	Ochmann	李霖	本书	Ochmann	本书	Ochmann
运行时间(s)	213	322	—	66	91	—	33	57	58	81
模型精度(0.05m/%)	52.31	9.63	58.9	25.10	17.28	19.8	75.83	2.19	62.96	2.12
模型精度(0.1m/%)	82.4	53.24	79.8	50.91	26.35	45.6	91.32	13.41	76.23	10.32

此外，将本研究的建模结果与当今主流室内建模方法的 6 个特性相比较[87]，见表 4.6。可以发现本书的重建方法可以表达室内多种结构特征，包括：重建非曼哈顿世界模型；多房屋连接模型；全三维模型，具有任意垂直墙面的多楼层模型；非水平天花板；基于墙面模型表达室内模型；可以较为完整地重现室内场景。

表 4.6　**当今室内重建方法的特征比较[87]**

	非曼哈顿世界	多房屋模型	全三维模型	倾斜天花板	墙体模型	墙面模型
Budroni and Boehm[154]	×	×	×	×	×	✓
Adan and Huber[155]	✓	✓	×	×	×	✓
Xiong et al.[156]	✓	✓	×	×	×	✓
Mura et al.[80]	✓	✓	×	×	×	✓
Oesau et al.[77]	✓	×	×	×	×	✓

续表

	非曼哈顿世界	多房屋模型	全三维模型	倾斜天花板	墙体模型	墙面模型
Previtali et al.[157]	✓	×	×	×	×	✓
Turner et al.[82]	✓	✓	×	×	×	✓
Mura et al.[81]	✓	✓	✓	✓	×	✓
Ochmann et al.[79]	✓	✓	×	×	✓	×
Ambrus et al.[147]	✓	✓	×	×	×	✓
Macher et al.[159]	✓	✓	×	×	✓	×
Murali et al.[158]	×	✓	×	×	✓	×
Wang et al.[85]	✓	✓	×	×	×	✓
Li et al.[90]	×	✓	✓	×	×	✓
Ochmann et al.[87]	✓	✓	✓	×	✓	×
本书建模方法	✓	✓	✓	✓	×	✓

4.4　本章小结

针对传统基于规则面要素重建的室内模型，受限于曼哈顿世界房屋。为了弥补现有方法的不足，本书针对异形房屋、结构复杂的室内场景，提出融合线、面特征约束机制重建多细节的室内模型。针对分割后具有语义信息的单个房屋，给定高程进行水平切片，并将三维点云切片转化为二值图像，保留了几何特征，也简化了数据量；从图像中进行直线的提取，由于激光点云的局部噪声，提取的初始化线段出现了角度、距离、冗余、局部缺失等误差。本书利用 G2o 图优化理论对误差线的全局一致性进行改正，以此生成结构线的平面图，保留了局部的细节特征；最终，融合面要素的高程信息、线要素的细节结构特征、分割单房屋的语义约束重建室内三维结构化模型。

为了验证算法的性能，本书分别选取 1 份 ISPRS 测试数据和 5 份真实场景点云数据进行实验，主要包括：多层楼的室内房屋、弯曲的走廊、地下停车场等多种场景数据。对建模结果进行定量和定性分析，并与其他方法比较。实验表明：相比于传统的建模方法，我们方法适用于不同类型、复杂结构的室内场景，同时，提升了模型精度和建模效率，重建精度可以达到 10cm 以内，有小部分大于 10cm。在房屋分割前，我们通过人工交互的方式去除室外的噪声，客观来说，本书的建模方法自动化程度达到 90%以上。

本书重建的室内三维模型具有天花板、地板、墙、门、窗户和柱子等结构要素，模型结果保留了边界的细节特征。同时，重建的室内模型不仅可以用来三维可视化，还具有语义信息、几何信息、拓扑连接信息。输出 *.obj 格式的模型数据，满足 CityGML 标准中的 LoD3，为后续的室内应用服务提供空间数据基础。

第 5 章　基于自动化室内建模的 5G 基站信号仿真和优化选址

目前，80%的业务发生在室内场景，室内环境的三维空间信息需求逐渐增加，例如：室内位置服务、空间分析、建筑设计、虚拟现实、能源消耗估算、信号模拟等。因此，室内结构化模型具有现实意义。

在通信领域，为了加快移动网络的传播速度，推出的 5G 信号频率较高，穿透能力与以往的 4G、3G、2G 相差悬殊，无法保证室内深度覆盖需要的良好体验。因此，华为在国际上首次提出室内 5G 目标建网理念，助力运营商打造 5G 时代数字化的室内覆盖网络。由于室内场景复杂多样、目标遮挡严重、目标间重叠等特点，与室外网络建设相比，室内网络建设花费时间更长、更加困难。

本书基于三维激光点云自动化重建的室内模型具有语义、几何、拓扑结构等信息，其中天花板、地板、墙面、窗户、门等建筑物结构元素以高精度 3D 数字化表示，可以真实地反映室内情况，构成了 5G 天线周围的物理环境，被用于模拟通信遮挡情况。因此，重建室内三维结构化模型为 5G 网络规划和射频计算提供了空间测量及分析基础，可以直接进行 5G 信号仿真和小基站优化选址应用研究，以满足 5G 无线网络的规划和部署。

由于 5G 的毫米波的穿透损耗大，在室内环境的传播主要是以直射、反射为主。首先，将模型的水平平面划分为均匀格网，以作为候选基站，通过信号传播损耗模型计算传播射线位置的能量值；同时考虑墙壁对反射信号造成的能量损耗，最终模拟 5G 信号的强度值。其次，基于 5G 信号仿真结果与自动化重建的模型结果，利用贪婪优化算法设计了面向 5G 通信基站规划选址的策略。为了保证优化基站位置正确，同时缩短运算时间，本书采用多尺度格网的空间划分作为候选基站来进行 5G 小基站优化选址。为了验证提取算法的性能，选择了重建的典型多层、多房屋的室内结构化模型进行测试。

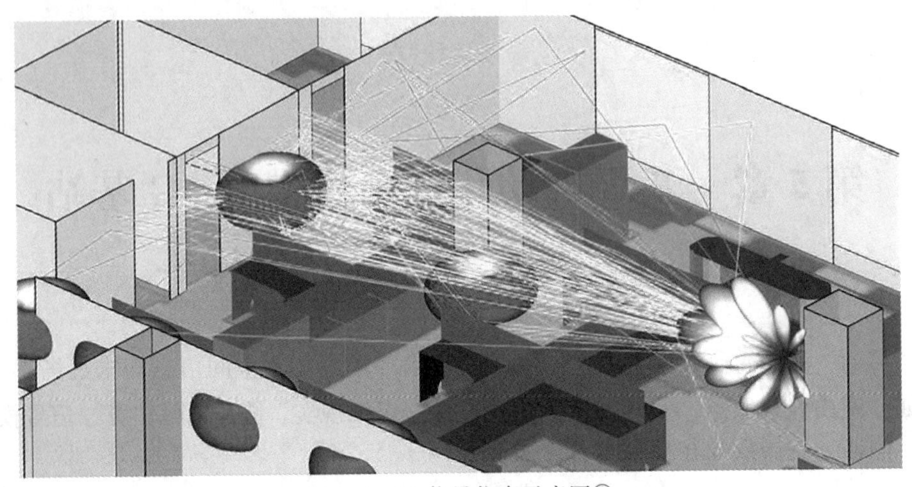

图 5.1　5G 信号仿真示意图①

5.1　基于自动化室内建模的 5G 信号仿真

本书重建的结构化模型，主要包括天花板、地板、墙体、窗户、门等刚性结构，忽略了室内复杂的家具物品。在这种刚性结构的室内模型下来模拟通信遮挡关系。当信号入射到模型表面时，会根据物体的物理属性计算反射、透射和绕射的方向和大小(一般需要物体的介电常数、电导率等参数)，并继续传播。由于 5G 的毫米波的穿透损耗大，在室内环境的传播主要是以直射、反射为主。在本节将介绍利用信号传播损耗模型计算信号传播位置的能量值；同时考虑墙壁对反射信号造成的能量损耗，最终模拟 5G 信号的强度值。

5.1.1　信号传播过程

5G 信号是通过电磁波进行通信的，电磁波具有波粒二象性，即具有波的特性绕射力和具有粒子特性的穿透力。但是 5G 信号波长较短，频率较高，在室内空间的传播过程中遇到墙壁会有很大程度上的衰减，同时衍射能力也很弱，也就是绕过阻挡物的能力很弱[160]。本节主要基于重建的室内模型模拟 5G 信号在室内的传播情况，即室内结构对通信遮挡关系。在信号传播过程中，考虑入射和反射的衰减，以及多路径效应。

射线追踪算法是一种可以对信号收发射端之间所有射线轨迹进行精确搜索的方法。在信号仿真过程中，本书依据几何光学原理，利用射线追踪算法，求解出当信号

① 图片来源：https：//www. remcom. com/5g-mimo.

遇到模型结构中的墙壁、地板、物体表面及边缘引起的反射等射线，从而可以得到收发端所有可能的传播路径。具体步骤为：基于重建的室内三维模型，从发射源向周围空间随机发出大量的射线，射线传播可以视为球体的均匀剖分问题。当射线发射后，会去寻找路径最短的平面入射点，计算反射路线，并继续进行传播。由于5G信号频率较高，波长较短，传播过程中由于建筑物等环境的影响，场强会迅速衰减。

5.1.2 信号传播能量模型

在信号传播过程中，本研究主要利用信号传播损耗模型计算信号传播位置的能量值；同时考虑重建的室内结构模型(墙面)对反射信号造成的损耗，以此模拟5G信号的强度值。

1)直射场强(路径损耗模型)

在信息传播过程中，信号会产生一定的路径损耗，因此，电磁波在经过无线信道后的能量值会降低，随之而来，在长距离的传播过程中，接收机接收的信号值将会减少。为了满足信号的覆盖范围以及移动用户接收的信号质量，需要大量布设通信基站。然而，选择合适的信号传播模型，以精确计算和仿真收发端信号的传播情况显得尤为重要。通过研究发现，该过程主要与收发天线间的距离及路径损耗有关[160]。目前，主要有4个研究机构各自发布了5G信号传播模型，频率适用范围都是0.5－100GHz，分别是3GPP，5GCM，METIS 2020以及mmMAGIC。其中5GCM，METIS 2020和mmMAGIC是在3GPP发布的模型基础上进行修改的，是为了适用于特定的场景和环境；然而，3GPP组织则根据5G组织的最新测试情况，对3GPP传播模型进行补充，及时更新，以满足该模型的适应性和普适性[161]。通常无线信号在传播过程中，如果收发信号两端中间没有障碍物遮挡，信号是直线传播，即称为视距传播；如果有障碍物，信号不是直线传播，即称为非视距传播[162]。其中，在典型的室内环境下，5G信号非视距传播损耗模型为公式(5.1)，视距传播损耗模型为公式(5.2)：

$$L_{fs,\ dB\text{-NLOS}} = 32.4 + 31.9 \cdot \lg(d_p) + 20 \cdot \lg(f) \quad 1\text{m} \leqslant d_p \leqslant 86\text{m} \tag{5.1}$$

$$L_{fs,\ dB\text{-LOS}} = 32.4 + 17.3 \cdot \lg(d_p) + 20 \cdot \lg(f) \quad 1\text{m} \leqslant d_p \leqslant 100\text{m} \tag{5.2}$$

$L_{fs,\ dB}$ 是信号损耗值，d_p 是收发天线的间距，f 是电磁波的频率，该公式表明信号的频率越大或传播距离越长，传播损耗越大[163]。在理想的室内环境中，当频率保持恒定时，传播损耗随距离的增大而增大，从而接收到的信号会减小。

2)反射场强

在信号的传播过程中，通常考虑墙壁的材料属性对反射信号造成的损耗，以此精确地模拟5G信号的强度值。根据信号反射原理，信号遇到障碍物时的入射波和反射波位于法线两侧，入射角等于反射角。如图5.2所示，Ix 和 Rx 分别表示源点和场点，$S1$ 和 $S2$ 表示入射波路径和反射波路径，R 为反射点，n 为法线方向，θ 为入射角和反射角[164]。

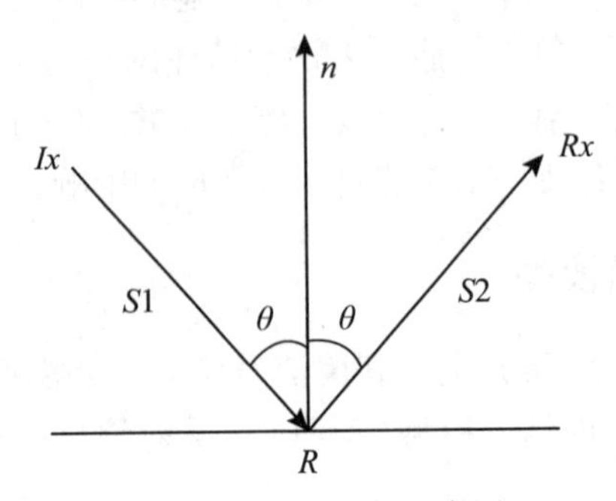

图 5.2　信号反射示意图

反射波场强表达式为公式(5.3)：

$$\begin{cases} E(Rx)_{\perp} = E_{R\perp}^{i} \cdot R_{\perp} A(s_2) e^{jk(s1+s2)} \\ E(Rx)_{\parallel} = E_{R\parallel}^{i} \cdot R_{\parallel} A(s_2) e^{jk(s1+s2)} \end{cases} \tag{5.3}$$

其融合了场点的垂直极化和水平极化分量，表达式为公式(5.4)：

$$E = \sqrt{|E(Rx)_{\perp}|^2 + |E(Rx)_{\parallel}|^2} \tag{5.4}$$

式中，$E(Rx)_{\perp}$ 和 $E(Rx)_{\parallel}$ 分别为场点 Rx 处场强的垂直极化和水平极化分量，$E_{R\perp}^{i}$ 和 $E_{R\parallel}^{i}$ 分别是入射波在反射点 R 处场强的垂直极化分量和水平极化分量，$R_{\perp}$ 和 $R_{\parallel}$ 分别为垂直极化和水平极化的反射系数，$e^{jk(s1+s2)}$ 是信号从源点 Ix 到反射点 R 再到场点 Rx 的相位累积，k 是波矢量，如公式(5.5)：

$$k = \frac{2\pi}{\lambda} \tag{5.5}$$

$A(s_2)$ 是反射点 R 到场点 Rx 的振幅扩散因子，定义为公式(5.6)：

$$A(s_2) = s_1/(s_1 + s_2) \tag{5.6}$$

其中，入射波的末场 E_R^i 可以由路径损耗模型(5.2)计算，垂直极化分量和水平极化分量 $E_{R\perp}^{i}$ 和 $E_{R\parallel}^{i}$ 由公式(5.7)求出，

$$\begin{cases} E_{R\perp}^{i} = E_R^i \cdot \cos(\theta) \\ E_{R\parallel}^{i} = E_R^i \cdot \sin(\theta) \end{cases} \tag{5.7}$$

反射系数公式[162]为(5.8)：

$$\begin{cases} R_{\perp} = \dfrac{\cos\theta - \sqrt{\varepsilon - \sin^2\theta}}{\cos\theta + \sqrt{\varepsilon - \sin^2\theta}} \\ R_{\parallel} = \dfrac{\varepsilon\cos\theta - \sqrt{\varepsilon - \sin^2\theta}}{\varepsilon\cos\theta + \sqrt{\varepsilon - \sin^2\theta}} \end{cases} \tag{5.8}$$

式中，ε 为反射面等效电参数(由反射面材料属性确定)，定义为：

$$\varepsilon = \varepsilon_r - j60\sigma\lambda \tag{5.9}$$

ε_r 为反射面的相对介电常数，σ 为导电率，λ 为入射波的波长。

5.1.3 5G信号仿真

在现实室内场景中，5G无线信号会受到各种不确定因素的影响，包括：移动的物体，不同材质的室内物品等，很难获得完全确定的结果。因此，只能在室内固有建筑物下，计算信号主要的传播路径，舍弃影响小的多径，利用比较普遍的建筑物材质参数代替无法准确获取的建筑物信息。在现实情况中，接收机接收信号强度等于所有路径信号之和，即多路径效应。

现实的基站通常布设在天花板附近，因此，本研究在模拟信号传播情况时，接近天花板的位置给定高程确定二维水平面，将水平面划分均匀格网(格网边长 $d_{grid}=1\text{m}$)，判断每个格网的中心是否属于重建房屋的区域、是否为可导航区域，以此来确定候选基站，具体过程如图5.3所示。

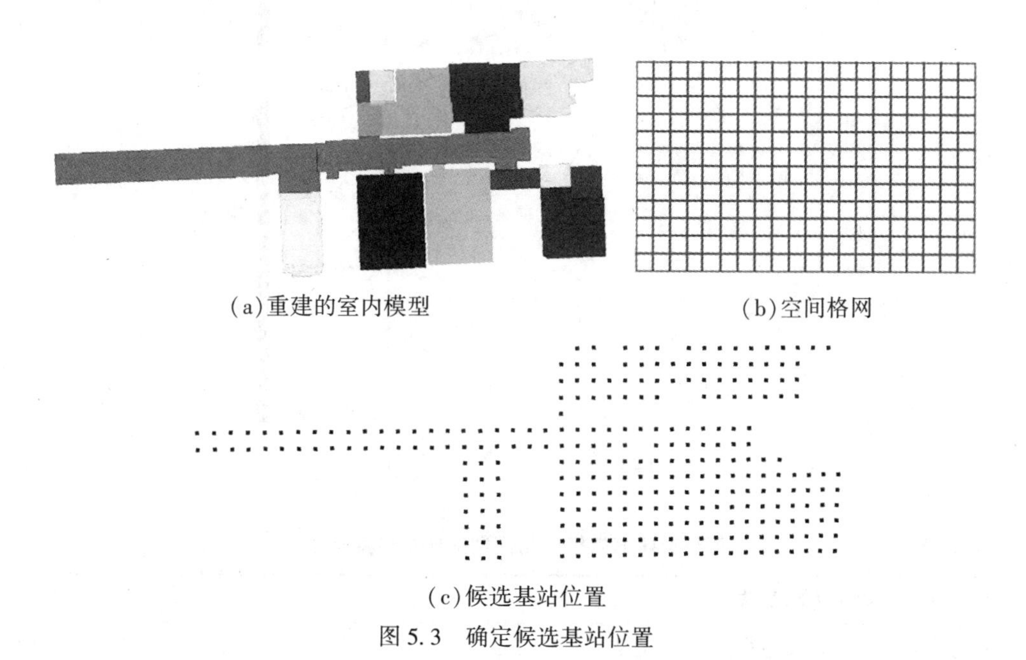

(a)重建的室内模型　(b)空间格网

(c)候选基站位置

图5.3　确定候选基站位置

在5G信号仿真中，以重建的室内三维结构化模型为基础，利用射线追踪原理，假定以每个候选基站为球体中心 ray_origin (x_m, y_m, z_m)，以随机方向 ray_direction (d_x, d_y, d_z) 发射信号射线(实验射线数量为15000，现实情况的射线数量更多)；根据5G信号在室内环境的传播特性，其最小传播距离为0m，最大传播距离为 100m，当射线发射路径超出了距离阈值，则停止传播；当射线与室内模型的三角网相交，可得到三角网的索引号，并通过模型的结构信息确定三角网的法向量和语义标记，交点坐标如公式(5.10)，可得 (x'_m, y'_m, z'_m)。

$$(x'_m, y'_m, z'_m) = (x_m, y_m, z_m) + (d_x, d_y, d_z) \cdot r_d \tag{5.10}$$

若该三角网的语义标记为门或窗户(我们视为门或窗户是打开的)，则信号继续传播，若该三角网为墙面、天花板或地板，信号会反射，反射方向 (d'_x, d'_y, d'_z) 的计算公式如式(5.11)，(l_{nx}, l_{ny}, l_{nz}) 为相交三角面片的法向量，

$$(d'_x, d'_y, d'_z) = (d_x, d_y, d_z) - 2 \cdot (l_{nx}, l_{ny}, l_{nz}) \cdot ((l_{nx}, l_{ny}, l_{nz}) \cdot \mathrm{dot}(d_x, d_y, d_z)) \tag{5.11}$$

在重建的室内结构模型下，信号传播示意图如图 5.4 所示，信号仿真流程方法见表 5.1。

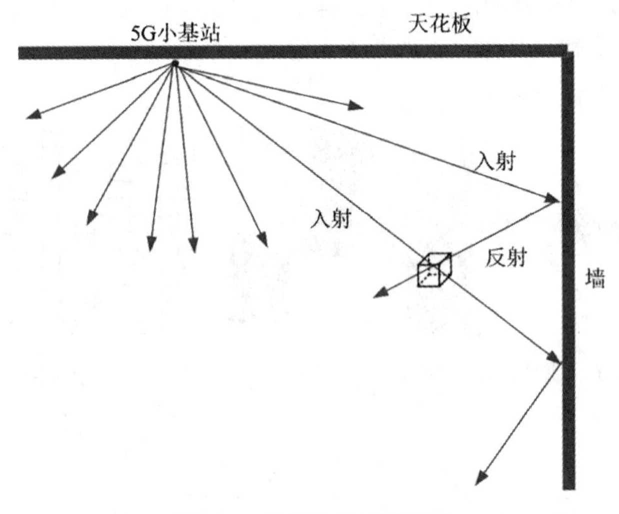

图 5.4　信号的传播示意图

表 5.1　**基于重建室内结构化模型的信号仿真流程**

信号仿真—射线追踪算法
符号含义：N：候选基站，ζ 每个基站 R：一个基站发出射线(信号)的数量，ψ 发出的每个射线 l_S：基站发射每条射线的总长度，l_T 发出射线长度阈值 I：射线与模型相交三角网的索引号，r_d 射线出发点距离交点的距离，(x'_m, y'_m, z'_m) 交点坐标 Ω：射线与模型交点的集合

续表

输入：每个房屋的三角面片个数；每个房屋中三角网起始的索引号；
每个三角面片所在的房屋索引号；每个三角面片对应房屋中面索引号
每个三角面片的坐标
输出：射线与模型交点的集合，即与模型三角网相交的射线信息
(1) for 在 N 中的每一个 ζ
(2) for 在 R 中的每一个 ψ
(3) 随机的射线方向 ray_direction (d_x, d_y, d_z)
(4) 起始点位置(候选基站) ray_origin (x_m, y_m, z_m) $\Omega \leftarrow (x_m, y_m, z_m)$
(5) while $l_S \leqslant l_T$ do
(6) 相交的三角网的索引号 I 和与交点的距离 r_d，公式(5.11)
(7) $l_S = l_S + r_d$
(8) if 交点 (x'_m, y'_m, z'_m) 是在门的位置 then
(9) $\Omega \leftarrow (x'_m, y'_m, z'_m)$ 射线继续传播
(10) end if
(11) else
(12) (x'_m, y'_m, z'_m) 是在墙面上 then
(13) $\Omega \leftarrow (x'_m, y'_m, z'_m)$
(14) 射线反射方向 (d'_x, d'_y, d'_z)、(x'_m, y'_m, z'_m) 起点坐标，射线并继续传播
(15) end else
(16) end while
(17) end for
(18) end for

在确定信号传播射线路径后，计算射线的能量值，射线采样距离为 $l_{s-d}=0.05\text{m}$；信号直线传播过程只考虑路径损耗，强度损失函数如公式(5.2)，当5G的高频信号传播距离大于1m时，信号强度会减弱。当信号遇到墙时，普通墙的材质为混凝土，信号穿过墙衰减将近20dB[166]，接收到信号很少，因此，只考虑信号遇到墙的反射传播，反射衰减强度的计算公式如式(5.3)~式(5.9)。信号的仿真结果如图5.5和图5.6所示，可以清晰地反映出信号的传播情况，包括：多路径效应，墙面的反射、开口门的透射，以及传播过程中信号的能量由强变弱。从图5.5方框中可以发现，由于信号遇到墙反射后急速衰减。从5G信号仿真结果表明，信号强度损耗与多种因素有关，包括：射线的入射角度、收发天线之间的距离、障碍物的材质等。

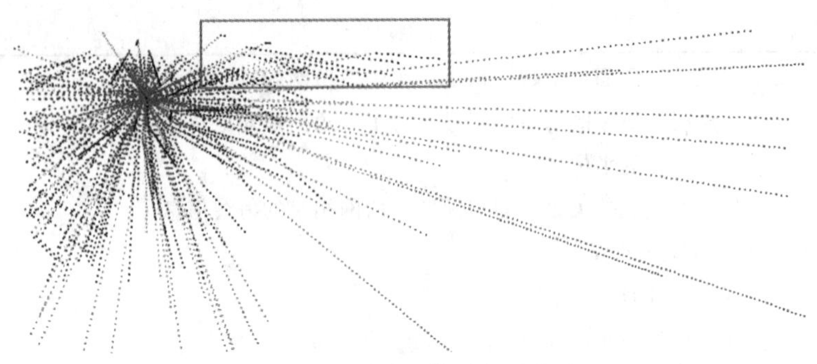

图 5.5　遇到墙后信号急速衰减

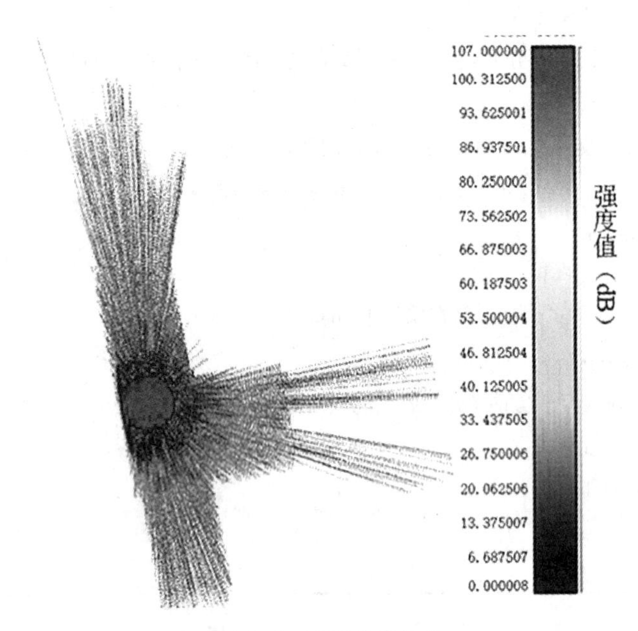

图 5.6　信号仿真情况

基于自动化室内建模的 5G 信号仿真，考虑了信号在传播过程中的路径损耗和反射衰减损耗；由于实际室内场景更为复杂，并不能仿真出所有情况。在实验中，本书采用的是典型的多层、多房屋的 benchmark 数据，不具有 5G 信号的真值，因此没有对信号强度分布进行验证。本书对 5G 信号大致传播趋势和覆盖情况进行了仿真分析，并对后续的优化选址作为数据基础，具有一定的实际应用价值。

5.2　基于自动化室内建模的 5G 小基站优化选址

为了助力电信行业对 5G 无线网络规划和部署，在完成 5G 信号最大的覆盖度的同时，尽量节省网络规划的运营费用。因此，本书以重建的室内结构化模型与5G信号仿真为基础，利用贪婪优化算法设计了面向5G通信基站优化选址方法。在5G小基站优化选址过程中，候选基站格网划分越精细，优化基站的位置越接近最优解，却也增加了运算时间。因此，为了保证基站位置的正确性、信号的覆盖度，同时提升优化效率，本书提出了多尺度格网的空间划分策略进行5G小基站优化选址，旨在利用最少的基站达到5G信号最大覆盖度。

本节首先介绍了网络优化算法的相关原理，并以此为基础，详细阐述了5G小基站优化选址策略，以及相关处理步骤。

5.2.1 优化算法的基本原理

优化网络设计研究已被提出，并在其他地理信息领域得到了很好的解决[167]，例如大地测量[165]和摄影测量[166]。在传统的测量设计中，最优网络设计问题是被测量员按照经验设计得到的，目前，随着计算机技术的发展，网络设计问题从经验方法改为分析算法[168]。

优化网络的设计的核心思想是利用最小的成本获得最大的利益。例如：应用于送货车辆路径规划问题，遍历所有的客户点并满足其需求，使得运输系统的总耗费最少[169]；随着地面激光扫描仪的应用，很多学者研究地面扫描仪的布设策略，利用最少的基站数目采集最大范围的激光点云[167,170,171]。

网络优化程序主要包括三个部分：定义网络质量标准、确定初始网络设计、求解最优网络设计方案。

在网络设计前，一个质量测量被确定来优化，质量测量被描述为对象函数$f(x)$，该函数依赖于搜索域D中参数x的选择，同时，某些约束限制为C_i，该优化问题表达为：

$$\begin{aligned}&\min f(x)\ x\in D\\&\text{Subject to: } C_1,\ C_2,\ \cdots,\ C_i\end{aligned}\tag{5.12}$$

式(5.12)中优化问题的技术可以视为优化方法，其在提出约束条件下，构造目标函数最小化。

网络的优化设计可视为动态规划理论来解决，即动态NP(Non-deterministic Polynomial)的问题，是完全多项式非确定性问题，能在多项式时间内验证得出一个正确解的问题。国内外相关学者对于这类问题做了很多研究。其中包括：动态规划与分支界限、概率分析、近似算法、启发式算法。动态规划与分支界限的方法，对于很多NP较难的问题得到了很好的解决，且效率较高；主要算法包括：贪婪算法、分治算法、回溯算法、动态规划。概率分析，是利用概率算法去预测不确定性问题，得到近似的结果。近似算法，主要是利用近似值替代准确值的方法，但表达并不明确也不够具体。启发式算法，当前三种方法并不能解决问题时，才使用该方法，其原则的灵感来自自然界中的许多自适应优化现象，这类方法通常使用一种启发性的思维去积极探索，本质是并行、随机、有一定方向的搜索方法，启发式优化算法以仿自然体算法为主[172]，主要包括：模拟退火算法[173]，遗传算法[174]和粒子群优化[175]。

在网络优化中，贪婪算法对相当广泛的问题都能找到最优解，该算法容易实现，同时效率高。因此，本书基于贪婪算法设计优化策略对候选基站进行规划选址。贪婪算法的核心思想是：对于一组数据，定义限制值和期望值，希望从中选出几个数据，在满足限制值的情况下，期望值最大。该算法在对问题求解时，在每一步选择中都采取在当前状态下最好或最优的选择，并不考虑整体优化，它是一种局部最优解，由此，贪婪算法并不能为所有问题获得整体最优的解决方案[176]。因此，针对特定的优化问题，贪婪算法具有最优子结构性质和贪婪策略的选择。贪婪算法是自顶向下的策略解决优化问题，通过不断迭代做出贪婪选择，每进行一次贪婪迭代，会求出一个解，接近于最终目标，并缩小选择范围，最终，将每一个解构成最终的解空间。有很多示例应用贪婪算法，例如：霍夫曼编码(利用贪婪算法实现对数据压缩编码)、prim、kruskal 最小生成树算法、Dijkstra 单源最短路径算法等。

5.2.2　基于均匀格网的候选基站优化选址

基于 5.1 节中的 5G 信号仿真结果，若将重建的室内结构化模型均匀划分为三维格网(每个格网的强度值是经过信号累加的)，计算每个候选基站所覆盖的三维格网，处理时间较长。因此，为了提升计算效率，将三维房屋模型投影到二维平面，将其划分为均匀格网，统计二维平面格网的索引号，如图 5.7 所示。同时，将每个基站发射的三维强度射线投影到二维水平面，计算强度射线采样点所在的二维格网的索引号。为了提升检索效率，首先计算采样点的二维坐标 (s_x，s_y) 属于哪个房屋，然后计算采样点所在房屋格网的索引号。

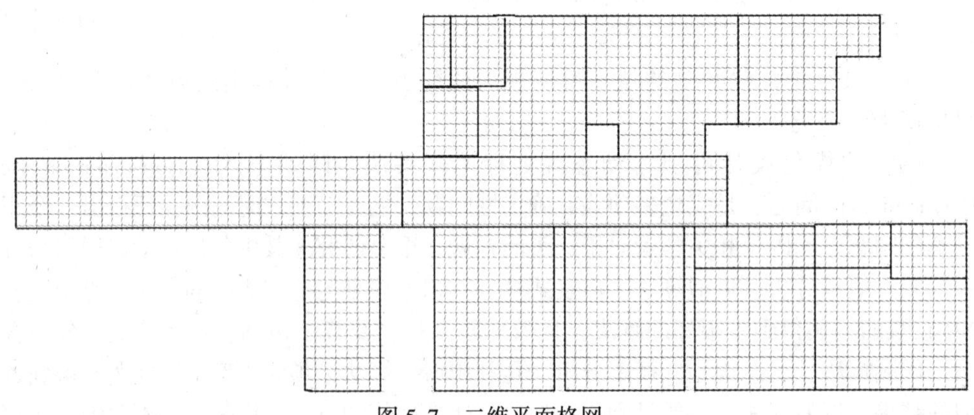

图 5.7　二维平面格网

统计每个基站覆盖的格网索引号，示例结果如公式(5.13)：

$$\begin{cases} s_1 = \{g_1, g_2, g_3, g_4, g_5, \cdots, g_i\} \\ s_2 = \{g_2, g_3, g_4, g_5, g_8, \cdots, g_j\} \\ \cdots\cdots \\ s_n = \{g_3, g_4, g_5, g_7, g_8, \cdots, g_k\} \end{cases} \tag{5.13}$$

本书基于贪婪算法设计优化策略对候选基站进行规划选址，优化选址的核心思想是将基站的覆盖度为限制值，基站的数量为期望值，在满足限制值的情况下期望值最小，也就是利用最少的基站达到最大的室内覆盖范围，如公式(5.14)所示：

$$\min\left\{\min\left(\sum_{i=0}^{n} x_i\right) - \max\left(\sum_{i}^{n} \mathrm{Cov}(x_i)\right)\right\} \tag{5.14}$$

首先，将每个基站所覆盖格网的数量排序，具有最大覆盖网格数量的基站被视为优化基站，同时，其他基站的覆盖格网与其求交，将求交后剩余网格数量排序；同理，将覆盖度最大的基站列入优化基站，依次类推，当场景的覆盖度为80%的时候停止迭代，最终求得优化基站的位置和数量。具体的方法流程见表5.2。

表5.2　**基于贪婪算法的5G小基站优化选址**

5G小基站优化选址—贪婪算法

符号含义：N：候选基站，ζ 每个基站

C_g：优化基站的覆盖格网数量，A_g：二维模型被划分的所有格网数量

$\xi_g = \mathrm{sort}(\xi_{g1}, \xi_{g2}, \xi_{g3}, \cdots, \xi_{gN})$：候选基站覆盖格网数量集合的从大到小排序

$\mathfrak{R}$：优化基站集合

输入： 每个候选基站位置；

每个基站覆盖的格网；

输出： 优化基站的数量和位置

(1)　$\xi_g = \mathrm{sort}(\xi_{g1}, \xi_{g2}, \xi_{g3}, \cdots, \xi_{gN})$

(2)　while ($C_g < A_g * 80\%$) do

(3)　　最大覆盖格网的基站索引 $\xi = \max(\xi_g)$ $\mathfrak{R} \leftarrow \xi$, $N = N - 1$

(4)　　　for　$\xi_{gi} \in \xi_g - \xi$

(5)　　　　$\xi_{gi} = \xi_{gi} - \xi_{gi} \cap \xi$

(6)　　　$C_g \leftarrow \xi$

(7)　　　$\xi_g = \mathrm{sort}(\xi_{g1}, \cdots, \xi_{gi}, \cdots, \xi_{gN})$

(8)　　　end for

(9)　end while

本书选择重建的典型多层、多房屋室内结构化模型来验证算法的性能。将候选基站格网边长分别设置为 1m、2m、3m、4m，实施贪婪算法的优化策略，并分别统计优化后基站的数量、所用时间和信号的覆盖度。优化结果如表 5. 3、表 5. 4 和图 5. 8 所示，可以发现格网的边长越小，模型的候选基站越多，优化的精度越高；也就是空间格网的精细划分，使优化的基站位置和数量更接近最优解，但优化时间较长；相反，格网的边长越大，优化时间越少，优化精度也相对降低。如图 5. 8 (d)和图 5. 8(h)所示，当格网的边长为 4m 时，基站数量并没有优化，甚至在局部区域出现无信号的死角，不能保证信号的覆盖度，主要原因是部分室内房屋的宽度小于 4m，例如狭长的走廊，并没有布设候选基站。以上结果表明：候选格网边长的选择是提升 5G 小基站优化选址效率、保证基站位置正确性的关键。

表 5. 3　　一楼优化基站时间和数量

格网边长	候选数量	优化数量	用时	覆盖率
1m	280	7	44 分钟	86%
2m	69	7	16 分钟	84%
3m	30	7	11 分钟	81%
4m	13	13	3 分钟	60%

表 5. 4　　二楼优化基站时间和数量

格网边长	候选数量	优化数量	用时	覆盖率
1m	303	6	1 小时 40 分钟	85%
2m	67	7	23 分钟	82%
3m	37	7	16 分钟	81%
4m	11	11	4 分钟	71%

5. 2. 3　基于多尺度格网的候选基站优化选址

均匀格网的精细空间划分，使优化基站的位置更接近最优解，然而，不必要的候选格网大大地降低了运算效率。为了缩短运算时间、保证基站位置精度，本书提出利用基于多尺度格网的空间划分方法来优化 5G 小基站位置。

多尺度划分的策略如下：重建房屋模型的长和宽分别划分 3～4 个格网，因此，较为窄的走廊，或者面积较小的房屋，相对格网的分辨率较大；面积较大的房屋，相对格网的分辨率较小。由此，根据房屋的长宽尺度，可以自适应确定格网的大小，多尺度划分的示意图如图5.9所示。5G小基站在多尺度格网下的优化结果如表5.5和图5.10所示。

(a)一楼模型的5G小基站优化结果(格网边长为1m)

(b)一楼模型的5G小基站优化结果(格网边长为2m)

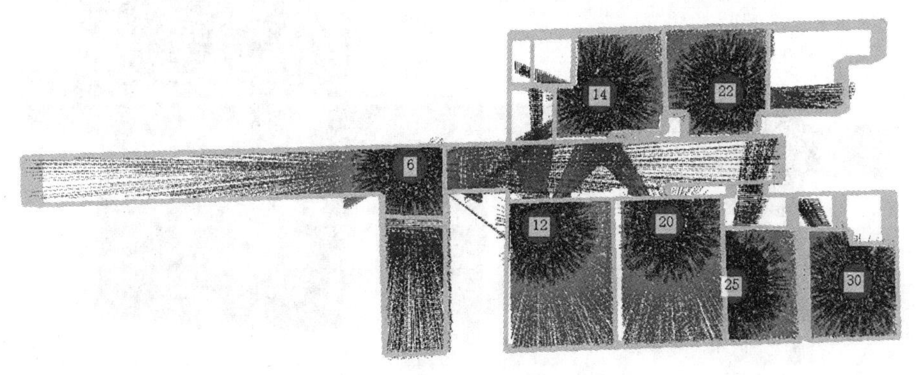

(c)一楼模型的5G小基站优化结果(格网边长为3m)

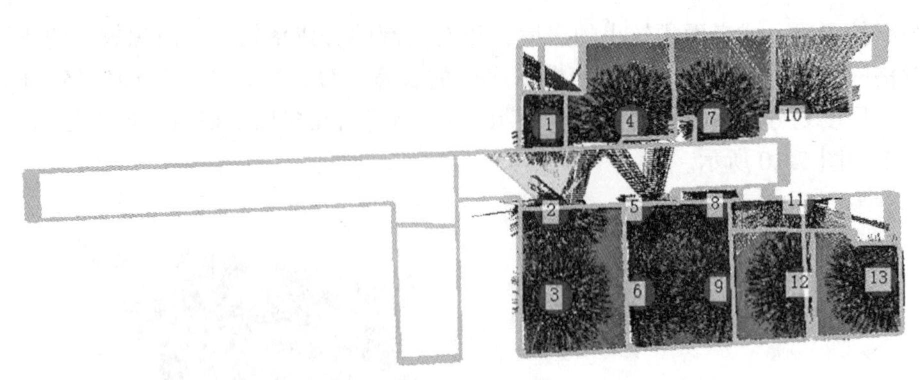

(d)一楼模型的 5G 小基站优化结果(格网边长为 4m)

(e)二楼模型的 5G 小基站优化结果(格网边长为 1m)

(f)二楼模型的 5G 小基站优化结果(格网边长为 2m)

(g)二楼模型的 5G 小基站优化结果(格网边长为 3m)

(h)二楼模型的 5G 小基站优化结果(格网边长为 4m)

图 5.8　基于 benchmark 数据重建模型的 5G 小基站优化选址

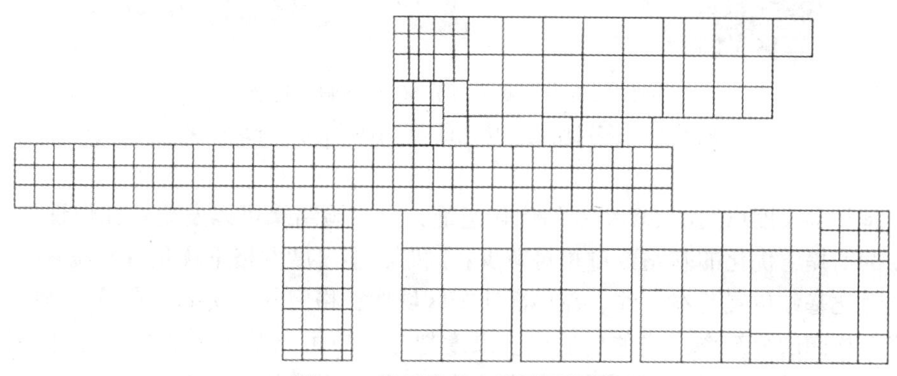

图 5.9　多尺度的二维平面格网

表 5.5　　基于多尺度格网的小基站优化情况

数据	格网边长	候选数量	优化数量	用时	覆盖度
一楼	1~3m	51	7	15 分钟	83%
二楼	1~3m	54	6	19 分钟	84%

(a)一层楼多尺度格网下 5G 小基站优化选址

(b)二层楼多尺度格网下 5G 小基站优化选址

图 5.10　多尺度划分格网的 5G 小基站优化选址结果

基于多尺度格网的 5G 小基站优化选址，由实验结果可以发现：在保证信号覆盖度的前提下优化的基站数量相对减少；同时，多尺度网格下优化基站位置与均匀格网优化基站位置基本一致。在局部狭窄区域增加格网的分辨率，在较为宽敞的区域降低格网的分辨率，这种自适应多尺度划分策略可以减少不必要的候选格网数量，在保证基站位置精度和覆盖度的同时，也可以提升优化效率。

5.2.4　5G传播信号强度分析

由重建的结构化模型和5G小基站优化选址结果可以发现，二楼的房屋面积比一楼的面积要大，然而，布设5G小基站的数量比一楼要少；原因就是一楼的房屋较多，墙面的遮挡较大，因此信号损失较为严重，需要布设更多的基站才能满足信号的覆盖度。

然而，当不考虑墙面衰减或者墙面衰减较小，例如玻璃墙，只考虑信号传播过程的路径衰减，采用公式(5.2)计算信号强度值。在重建的一楼走廊和房屋模型分别布设了三个基站，如图5.11(a)所示，信号仿真效果如图5.11(b)所示；与此类似，二楼的5G基站布设和信号仿真结果如图5.11(c)和图5.11(d)所示。由5G信号覆盖情况可以发现，当不考虑墙面材质衰减的情况下，一层楼放置2~3个小基站就可以满足5G信号的覆盖需求。

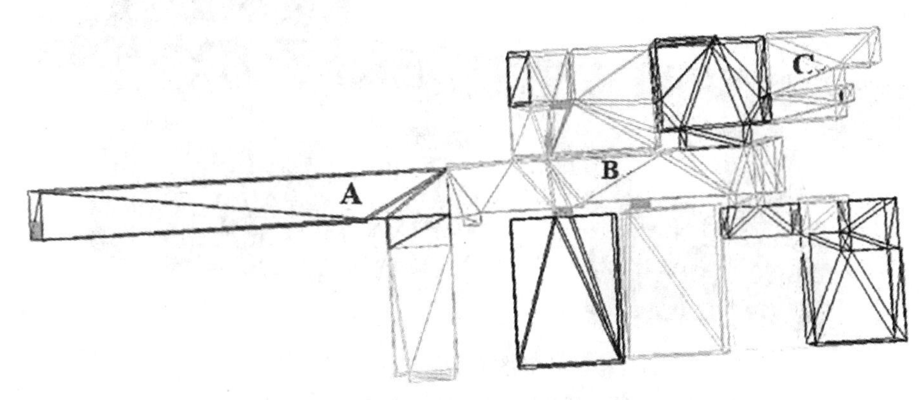

(a)一楼基站位置(可穿过的墙体)

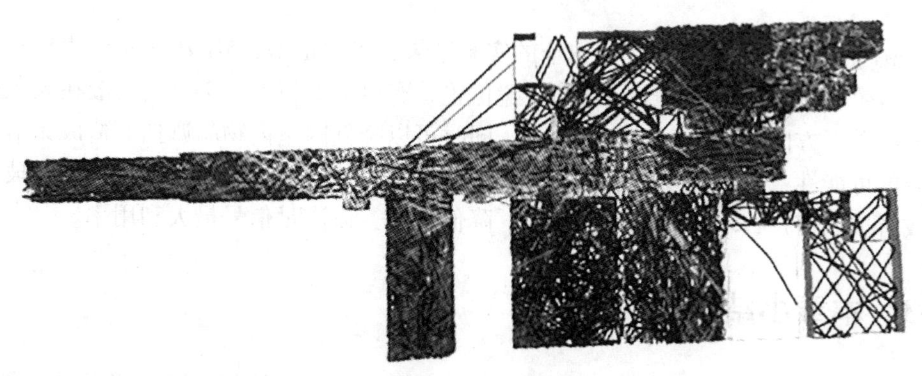

(b)一楼信号多路径传播(可穿过的墙体)

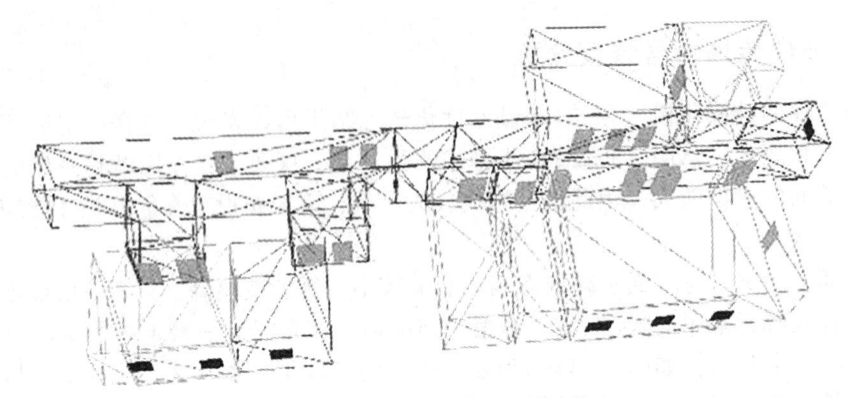

(c)二楼基站位置(可穿过的墙体)

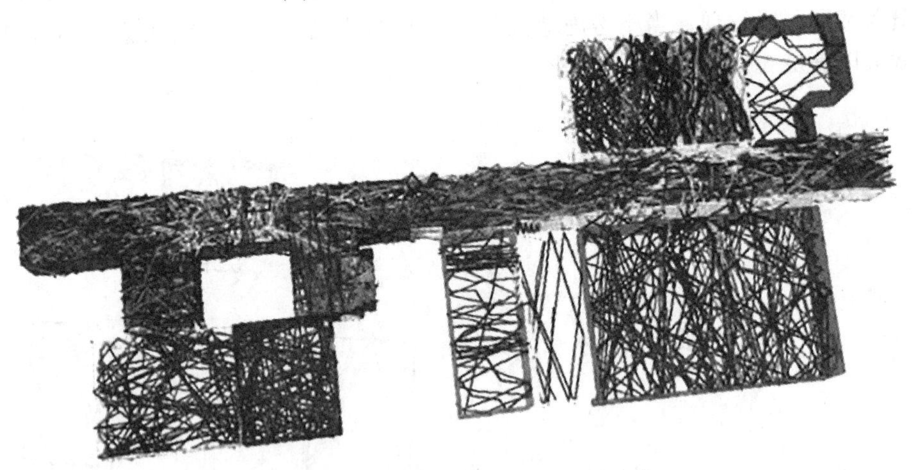

(d)二楼信号多路径传播(可穿过的墙体)

图5.11 只考虑路径衰减的信号仿真(可穿过的墙体)

5G信号仿真和小基站优化选址的实验结果，可以证明，5G基站要想达到较大的覆盖效果，需要选择一个最佳的放置位置。有以下的策略：①基站一般在天花板附近，向下方向辐射，辐射范围较大，同时可以降低因室内物品遮挡而造成无信号区域的可能性；②基站发射信号的位置尽量少穿越墙壁，或者让其穿过可视的玻璃门或者玻璃窗户，增加用户的可视性，降低损耗，以满足信号最大利用率。

5.3 本章小结

本章的研究内容在Microsoft Visual Studio 2017、Cuda编程环境，调用第三方库PCL1.8.0、Cuda，用C++编程语言自主开发的。

本章主要介绍了基于自动化室内建模的5G信号仿真和小基站优化选址的方

法。在室内场景，利用最少的基站达到5G信号的最大覆盖度，并通过相关实验进行验证，结果表明，本书提出的方法可以为5G小基站布设提供可行的解决方案。

重建的室内结构化模型具有语义、几何、拓扑连接等信息，并包括天花板、地板、墙面、窗户、门等结构元素。在5G信号仿真过程中，直接被用于模拟通信遮挡情况。由于5G信号的毫米波穿透损耗大，在室内环境的传播主要是以直射、反射为主；我们通过信号传播损耗模型(距离衰减)来计算传播位置的能量值，同时考虑墙壁对反射信号造成的能量损耗，最终模拟5G信号的强度值。其次，基于5G信号仿真与重建结构化模型，利用贪婪优化算法设计了面向5G通信基站规划选址的策略，在每次的贪婪迭代中，选取最大覆盖度的基站作为优化基站，当室内场景信号覆盖度达到80%时，得到优化基站集合。为了保证信号覆盖度和规划基站位置的正确，同时提升优化效率，本书采用多尺度格网作为候选基站来优化5G基站的位置，其具有自适应格网划分、自动化选址的优势。最后，通过实验表明，以重建的结构化模型为基础，本书提出的方法能够有效模拟出5G信号和小基站优化选址，更好地帮助规划5G天线放置位置，以便达到信号最佳覆盖范围。相比基于手动室内建模，本书提出的基于自动化室内建模的5G信号仿真和优化选址方法具有应用成本低、自动化程度高、效率高的优势。在重建的室内模型中，仅仅包含一些刚性的结构要素，并不能包含室内物品，因此在5G信号仿真和小基站优化选址的结果可能与真实情况有一定的差距，但本书的方法可用来辅助5G无线网络进行快速规划和部署。

未来，我们将仿真不同材质的建筑物对信号的影响；同时，针对大规模室内场景，如机场、火车站、大型商场等进行5G小基站优化选址。

第6章 结论与展望

本书主要研究如何利用移动LiDAR点云实现室内单房屋的正确分割和自动化重建室内高精度模型，同时基于重建的室内模型进行5G小基站优化选址。围绕这一核心目标，本书从建筑物模型标准、室内结构要素提取与分类方法、室内房屋分割方法、室内模型重建方法以及室内三维模型应用等多方面展开深入研究和讨论。在研究和讨论过程中，本书提出了一些新技术和新方法，主要包括：提出了融合语义约束和多标记图割的单房屋分割方法，提出了基于线、面特征混合约束机制的室内模型重建方法，以及基于自动化重建的室内模型进行了5G信号仿真，利用贪婪优化算法设计了面向5G小基站优化选址策略。基于上述的研究成果，本研究在Microsoft Visual Studio 2017编程环境下用C++编程语言自主研发了自动化室内建模和5G基站优化选址的软件平台。所有的实验是在Windows10，64位操作系统上进行的，该操作系统使用的是Alienware Intel(R) Core(TM) i7-7700HQ CPU@ 2.80GHz和16GB RAM。

6.1 研究总结

本书的主要内容包括以下几个方面：

(1)首先介绍了基于移动LiDAR点云的室内三维重建的研究背景和意义，并对相关的国内外研究进展进行了系统总结，从中分析目前存在的问题，从而确定研究目标和研究内容。

(2)针对多层、多房屋、复杂连接的室内房屋过分割问题，提出融合语义约束和多标记图割的单房屋分割方法。将提取的室内结构要素作为几何和语义约束，利用光线追踪的方法模拟采样轨迹点的可视点云；基于相邻轨迹点的可视点云相似性和空间平滑性构建多标记图割能量函数，以此，将无序点云分割为具有语义信息的单个房间，并解决了室内空间过分割的问题。为了验证算法的性能，本书选取移动激光设备采集的两份ISPRS测试数据、三份真实场景的点云数据，以及RGBD采集的两份点云数据进行实验，对提取结果进行了定量和定性的评价，并与国内外主流的方法相比较。结果表明：在多层、多房屋、复杂连接的室内场景，本书提出的方法可以稳健分割室内单房屋，为后续室内三维模型重建打好基础。

(3)针对传统的基于规则面要素的室内三维模型重建受限于曼哈顿世界房屋，本书以此为研究基础，旨在提高建模算法的实用性和异形结构室内场景的适应性，同时削弱了移动 LiDAR 点云数据质量低对建模的影响，提出基于线、面特征混合约束机制的室内模型重建方法。首先，将分割单房屋点云的水平切片生成二值图像，从图像提取初始化直线，由于激光点云的局部噪声，导致提取的直线出现了角度、距离、冗余、局部缺失等误差；然后，利用 G2o 图优化理论完成误差线的全局一致性改正，生成结构线的平面图；最后，融合三维平面的几何信息、二维结构线的细节特征、分割房屋的语义信息重建多细节的室内模型。为了验证建模算法的性能，本书分别选取一份 ISPRS 测试数据和五份真实场景激光点云进行实验，对建模结果进行了定量和定性的评价，并与国内外主流的室内建模方法相比较，结果表明：本书的方法克服了曼哈顿世界的限制，可以重建多种复杂结构的室内模型。本书重建的室内三维模型具有天花板、地板、墙、门、窗户和柱子等结构要素；不仅可以用来三维可视化，还具有语义信息、几何信息、拓扑连接信息；输出模型的数据格式为 *.obj，满足 CityGML 标准中的 LoD3。模型精度基本达到 10cm 以内，有小部分大于 10cm，可以直接应用于室内位置服务和空间分析等。

(4)首次基于自动化重建的室内模型进行 5G 信号仿真和小基站优化选址的方法研究，旨在布设最少的基站数量达到 5G 信号的最大覆盖度。首先，对于模型的水平平面，划分均匀格网作为候选基站，模拟室内模型结构与通信之间的遮挡关系；利用信号传播模型计算距离衰减，并考虑墙壁对反射信号造成的能量损耗，仿真 5G 信号强度。然后，基于 5G 信号仿真结果与重建结构化模型，本书利用贪婪优化算法设计了面向 5G 通信基站规划选址。核心思想是：基站的覆盖度为限制值，基站的数量为期望值，在满足限制值的情况下期望值最小。每进行一次贪婪迭代，都选取最大覆盖度的基站作为优化基站。此外，为了缩短优化时间，本书采用多尺度格网的空间划分方法来确定候选基站，以此优化 5G 基站的位置。为了验证本研究算法的性能，本书选择重建的典型多层、多房屋室内结构化模型进行实验，结果表明：本研究方法可以有效地模拟 5G 信号强度和小基站自动化优化选址，可服务于 5G 通信技术在室内布设大量基站，以满足 5G 信号覆盖需求。

6.2 研究创新点

移动 LiDAR 测量系统在采集数据时会受到多种因素的影响导致数据噪声较大，局部缺失，密度低且分布不均等现象，同时室内场景也存在结构复杂、目标丰富的特点，这给室内单房屋分割和模型重建带来了极大的挑战，也严重制约了自动化和高精度的处理性能。具体表现为单房屋准确分割难、多种室内场景适应难、自动化程度低、重建精度低等问题。针对以上室内房屋分割和模型重建所面临的瓶颈问题，本书以室内移动激光点云为数据源，从理论方法、关键技术等方面开展深入研究。同时，首次基于自动化重建的室内模型实现了5G信号仿真和小基站优化选址，用以说明自动化室内建模的应用价值。本研究的创新之处主要体现在以下三个方面：

(1)融合语义约束和多标记图割的单房屋分割。

针对多层、多房屋、复杂连接的室内场景空间过分割的问题，提出了融合语义约束和多标记图割的单房屋分割方法。将无序点云分割为具有语义信息的单个房间，相较于传统的分割方法，该方法解决了室内空间过分割的问题，分割结果可直接用于模型重建。

(2)基于线、面特征相互约束的室内结构化模型重建。

提出了基于线、面特征相互约束机制的室内三维建模方法；其中，单房屋边界线的自动提取和误差线的全局优化改正是保证结构细节的关键。相比于传统的基于规则面的建模方法，该方法适用于不同类型、复杂结构的室内场景，削弱了移动LiDAR点云数据质量低对建模的影响。研究结果表明：模型结果满足LoD3，精度基本可以达到10cm以内，有少部分大于10cm。

(3)基于自动化室内建模的5G基站信号仿真和优化选址。

首次基于自动化重建的室内模型进行5G信号仿真和小基站优化选址。该研究利用贪婪优化算法设计了面向5G基站优化选址策略，同时，为了缩短优化时间，本书将多尺度格网的空间划分作为候选基站，以此进行5G小基站优化选址，实现了利用最少数量的5G基站达到信号最大覆盖度。

6.3 发展展望

本书的主要内容是基于移动LiDAR测量设备采集的点云进行室内要素提取、结构化模型重建、5G信号仿真和小基站优化选址。由于时间和篇幅所限，尚有很多工作未能完成或完善。室内激光点云数据处理现阶段还存在许多问题值得研究，总结起来主要包含以下几个方面：

(1)目前，针对复杂的室内环境主要依赖点云的几何约束滤除室内杂乱的物体。然而，采集室内点云数据时，经常会包含室外树木和地面的杂乱点，仅仅依赖点云几何约束，并不能滤除所有的噪声，需要通过人工对点云进行交互编辑，因此，有必要研究自适应点云滤波算法，提高建模方法的普适性和鲁棒性。

(2)虽然本书的算法可以重建多种类型室内房屋的结构化模型，该算法保证了建模的效率和模型精度，但是并不能适用于所有复杂的室内场景，并且在客观上自动化重建结构化模型都无法达到完全正确。例如“人”字屋顶的室内房屋，该建模算法只能用平面结构代替“人”字形状，并不能重建真三维模型。还需要精确地提取室内场景的面要素(曲面、平面)，并构建三维面要素之间的拓扑关系，特别是，融合曲面和平面重建真三维模型，使得建模方法能应用于更多的室内场景，例如：商业展位、大型机场、商场、地铁站等。

(3)本书提出的建模方法可以实现从原始点云自动化构建室内三维模型，然而，该算法完全依赖点云的三维几何信息。由于室内环境复杂，导致采集的点云具有较多噪声、数据缺失、密度不均匀等缺点，从而影响模型的精度。因此，需要考虑融合多源传感器数据进行模型重建，例如：基于图像数据的纹理信息提取高精度结构线，可以弥补局部点云的缺失；并结合激光点云的三维几何信息，有助于提高重建模型的精度。

参考文献

[1]方莉娜. 车载激光点云中道路环境几何特征提取[D].武汉:武汉大学, 2014.

[2]Isikdag U, Zlatanova S, Underwood J, et al. A BIM-Oriented Model for supporting indoor navigation requirements[J]. Computers, Environment and Urban Systems, 2013:112-123.

[3]Teng X, Guo D, Guo Y, et al. CloudNavi: Toward Ubiquitous Indoor Navigation Service with 3D Point Clouds[J]. ACM Transactions on Sensor Networks, 2019, 15(1): 1-28.

[4]Tashakkori H, Rajabifard A, Kalantari M, et al. A new 3D indoor/outdoor spatial model for indoor emergency response facilitation[J]. Building and Environment, 2015, 89(89): 170-182.

[5]Hashemi M, Karimi H A. Indoor Spatial Model and Accessibility Index for Emergency Evacuation of People with Disabilities[J]. Journal of Computing in Civil Engineering, 2016, 30(4).

[6]Cerovsek T. A review and outlook for a 'Building Information Model'(BIM): A multi-standpoint framework for technological development[J]. Advanced Engineering Informatics, 2011, 25(2):224-244.

[7]Zakhor A, Turner E, Cheng P. Fast, automated, scalable generation of textured 3d models of indoor environments[J]. IEEE Journal of Selected Topics In Signal Processing, 2015, 9(3):409-421.

[8]Mozumdar M M, Tomasi R, Riccardo, et al. Pastrone C, et al. Leveraging bim interoperability for uwb-based wsn planning[J]. IEEE Sensors Journal, 2015: 5988-5996.

[9]Rafiee A, Dias E, Fruijtier S, et al. From bim to geo-analysis: View coverage and shadow analysis by bim/gis integration[J]. Procedia Environmental Sciences, 2014, 22:397-402.

[10]董震. 三维激光点云特征描述、配准与目标检测关键算法研究[D].武汉:武汉大学, 2018.

[11]Ikehata S, Yang H, Furukawa Y, et al. Structured Indoor Modeling[C]. IEEE

International Conference on Computer Vision. IEEE, 2015:1323-1331.

[12] Wang J, Xu K, Liu L, et al. Consolidation of Low-quality Point Clouds from Outdoor Scenes[J]. Computer Graphics Forum, 2013, 32(5):207-216.

[13] BuildingSMART, IFC Standard. Available online: http://www.buildingsmart-tech.org/specifications/ifc-overview (accessed on 12 April 2017).

[14] Becker, S.; Peter, M.; Fritsch, D. Grammar-Supported 3d Indoor Reconstruction from Point Clouds for As-Built Bim [C]. ISPRS-International Archives of the Photogrammetry, Remote Sensing and Spatial Information Sciences, 2015, II-3/W4, 17-24.

[15] 杨必胜, 梁福逊, 黄荣刚. 三维激光扫描点云数据处理研究进展、挑战与趋势[J]. 测绘学报, 2017, 46(10): 1509-1516.

[16] 胡平波. 建筑物 LiDAR 点云三维结构化重建与多细节层次表达[D]. 武汉:武汉大学,2018.

[17] 宋凯,钟若飞,杜黎明,等. 3D SLAM 的室内背包移动测量系统研究[J].测绘科学,2019,44(05):126-131.

[18] Kang H, Li K. A Standard Indoor Spatial Data Model—OGC IndoorGML and Implementation Approaches [J]. ISPRS International Journal of Geo-information, 2017, 6(4).

[19] OGC, OGC CityGML Encoding Standard, Document No. 12-019, 2012. Available online: http://www.opengeospatial.org/standards/citygml (accessed on 12 April 2017).

[20] OGC, OGC IndoorGML, Document No. 14-005r4, 2014. Available online: http://www.opengeospatial.org/standards/indoorgml (accessed on 12 April 2017).

[21] ISO/TC184, Industry Foundation Classes (IFC) for Data Sharing in the Construction and Facility Management Industries; ISO 16739: 2013; ISO: Geneva, Switzerland, 2013.

[22] Kim J, Yoo S, Li K, et al. Integrating IndoorGML and CityGML for Indoor Space [C]. International Symposium on Web & Wireless Geographical Information Systems. Springer, Berlin, Heidelberg:2014:184-196.

[23] OGC, OGC IndoorGML, document No. 14-005r4, 2014, Available online: http://www.opengeospatial.org/standards/indoorgml (accessed on 1 April 2019).

[24] Biljecki F, Ledoux H, Stoter J. An improved LOD specification for 3D building models[J]. Computers, Environment and Urban Systems, 2016, 59: 25-37.

[25] Keeffe O S, Hyland N, Dore C, et al. Automatic validation of as-is and asgenerated ifc bims for advanced scan-to-bim methods[C]. CITA BIM Gathering, 2017.

[26] Garwood T L, Hughes B R, O'Connor D, et al. A framework for producing gbxml building geometry from point clouds for accurate and efficient building energy modelling[J]. Applied Energy, 2018, 224(AUG. 15):527-537.
[27] Li K, Yoo S, Han Y, et al. Geo-coding scheme for multimedia in indoor space[C]. Advances in Geographic Information Systems, 2013: 424-427.
[28] Ryu H G, Kim T, Li K J, et al. Indoor navigation map for visually impaired people [J]. Rundbrief Der Gi-fachgruppe 5.10 Informations System-architekturen, 2014: 32-35.
[29] Wang H. Sensing Information Modelling for Smart City[C]. IEEE International Conference on Smart City SocialCom SustainCom (SmartCity), 2015: 40-45.
[30] Weinmann M, Jutzi B, Hinz S, et al. Semantic point cloud interpretation based on optimal neighborhoods, relevant features and efficient classifiers[J]. ISPRS Journal of Photogrammetry and Remote Sensing, 2015, 105(105): 286-304.
[31] Zhang R, Li G, Li M, et al. Fusion of images and point clouds for the semantic segmentation of large-scale 3D scenes based on deep learning[J]. ISPRS Journal of Photogrammetry and Remote Sensing, 2018: 85-96.
[32] Fischler M A, Bolles R C. Random sample consensus: a paradigm for model fitting with applications to image analysis and automated cartography[J]. Commun. ACM, 1981, 24(6): 381-395.
[33] Ballard D H. Generalizing the Hough transform to detect arbitrary shapes[J]. Pattern Recognition, 1981, 13(2):111-122.
[34] Sanchez V, Zakhor A. Planar 3D modeling of building interiors from point cloud data[C]. International Conference on Image Processing, 2012: 1777-1780.
[35] Díaz-Vilariño L, Boguslawski P, Khoshelham K, et al. Indoor navigation from point clouds: 3D modelling and obstacle detection[J]. ISPRS-International Archives of the Photogrammetry, Remote Sensing and Spatial Information Sciences, 2016: 275-281.
[36] Michailidis G T, Pajarola R. Bayesian graph-cut optimization for wall surfaces reconstruction in indoor environments[J]. The Visual Computer, 2017, 33(10): 1347-1355.
[37] Previtali M, Díaz-Vilariño L, Scaioni M. Towards automatic reconstruction of indoor scenes from incomplete point clouds: door and window detection and regularization [J]. ISPRS-International Archives of the Photogrammetry, Remote Sensing and Spatial Information Sciences, 2018, XLII-4,507-514.
[38] Díaz-Vilariño L, Sanchez J M, Lagüela S, et al. Door recognition in cluttered building interiors using imagery and LiDAR data[C]. ISPRS Technical Commission

V Symposium, 2014.

[39] Guo Y, Sohel F, Bennamoun M, et al. A novel local surface feature for 3D object recognition under clutter and occlusion [J]. Information Sciences, 2015, 293: 196-213.

[40] Guo Y, Bennamoun M, Sohel F, et al. A Comprehensive Performance Evaluation of 3D Local Feature Descriptors [J]. International Journal of Computer Vision, 2016, 116(1):66-89.

[41] Engelmann F, Kontogianni T, Hermans A, et al. Exploring Spatial Context for 3D Semantic Segmentation of Point Clouds [C]. International Conference on Computer Vision, 2017: 716-724.

[42] Mian A S, Bennamoun M, Owens R A. A Novel Representation and Feature Matching Algorithm for Automatic Pairwise Registration of Range Images [J]. International Journal of Computer Vision, 2006, 66(1):19-40.

[43] Savelonas M A, Pratikakis I, Sfikas K. Fisher encoding of differential fast point feature histograms for partial 3D object retrieval [J]. Pattern Recognition, 2016, 55: 114-124.

[44] Yang B, Dong Z. A shape-based segmentation method for mobile laser scanning point clouds [J]. ISPRS Journal of Photogrammetry and Remote Sensing, 2013, 81: 19-30.

[45] Yang B, Dong Z, Zhao G, et al. Hierarchical extraction of urban objects from mobile laser scanning data [J]. ISPRS Journal of Photogrammetry and Remote Sensing, 2015, 99: 45-57.

[46] Hackel T, Wegner J D, Schindler K. Fast semantic segmentation of 3d point clouds with strongly varying density [J]. ISPRS Annals of the Photogrammetry, Remote Sensing and Spatial Information Sciences, 2016,3(3):177-184.

[47] Weinmann M, Jutzi B, Hinz S, et al. Semantic point cloud interpretation based on optimal neighborhoods, relevant features and efficient classifiers [J]. ISPRS Journal of Photogrammetry and Remote Sensing, 2015,105:286-304.

[48] Johnson A E, Hebert M. Using spin images for efficient object recognition in cluttered 3D scenes [J]. IEEE Transactions on Pattern Analysis & Machine Intelligence, 1999, 21(5):433-449.

[49] Jean-François L, Vandapel N, Huber D F, et al. Natural terrain classification using three-dimensional Ladar data for ground robot mobility [J]. Journal of Field Robotics, 2006, 23(10):839-861.

[50] Rusu R B, Blodow N, Beetz M. Fast Point Feature Histograms (FPFH) for 3D

registration[C]. International Conference on Robotics and Automation, IEEE, 2009.
[51]Guo Y, Sohel F, Bennamoun M, et al. Rotational Projection Statistics for 3D Local Surface Description and Object Recognition[J]. International Journal of Computer Vision, 2013, 105(1):63-86.
[52]Dong Z, Yang B, Liu Y, et al. A novel binary shape context for 3D local surface description[J]. ISPRS Journal of Photogrammetry and Remote Sensing, 2017, 130: 431-452.
[53]Kim H B, Sohn G. Point-based Classification of Power Line Corridor Scene Using Random Forests[J]. Photogrammetric Engineering & Remote Sensing, 2013, 79 (9):821-833.
[54]Guan H, Li J, Chapman M, et al. Integration of orthoimagery and lidar data for object-based urban thematic mapping using random forests[J]. International Journal of Remote Sensing, 2013, 34(14):5166-5186.
[55]Zhang J X, Lin X G, Ning X G. SVM based Classification of Segmented Airborne LiDAR Point Clouds in Urban Areas[J]. Remote Sensing, 2013, 5 (8):3749-3775.
[56]郭波, 黄先锋, 张帆, 等. 顾及空间上下文关系的 Joint Boost 点云分类及特征降维[J].测绘学报, 2013, 42 (5):715-721.
[57]Lodha S K, Fitzpatrick D M, Helmbold D P, et al. Aerial Lidar Data Classification using Expectation-Maximization[J]. Electronic Imaging, 2007.
[58]Niemeyer J, Rottensteiner F, Soergel U. Contextual classification of lidar data and building object detection in urban areas[J]. ISPRS Journal of Photogrammetry and Remote Sensing, 2014(87):152-165.
[59]Liu C, Shi B, Yang X, et al. Automatic buildings extraction from lidar data in urban area by neural oscillator network of visual cortex[J]. IEEE Journal of Selected Topics in Applied Earth Observations and Remote Sensing, 2013, 6(4):2008-2019.
[60]Yu Y, Li J, Wen C, et al. Bag-of-visual-phrases and hierarchical deep models for traffic sign detection and recognition in mobile laser scanning data[J]. ISPRS Journal of Photogrammetry & Remote Sensing, 2016, 113(Mar.):106-123.
[61]Zhang Z, Zhang L, Tong X, et al. A Multilevel Point-Cluster-Based Discriminative Feature for ALS Point Cloud Classification[J]. IEEE Transactions on Geoence and Remote Sensing, 2016, 54(6):3309-3321.
[62]Huan N, Xiangguo L, Jixian Z. Classification of als point cloud with improved point cloud segmentation and random forests[J]. Remote Sensing, 2017, 9(3):288.
[63]范士俊, 张爱武, 胡少兴, 等. 基于随机森林的机载激光全波形点云数据分类方法[J].中国激光, 2013, 40 (9):0914001.

[64] Armeni I, Zamir A R. 3D Semantic Parsing of Large-Scale Indoor Spaces[C]. Computer Vision and Pattern Recognition, 2016: 1534-1543.

[65] Bakir G, Hofmann T, Schölkopf, B, et al. Support Vector Machine Learning for Interdependent and Structured Output Spaces[M]. Brown University, 2005.

[66] Rottmann A, Mozos O M, Stachniss C, et al. Semantic place classification of indoor environments with mobile robots using boosting[C]. National conference on artificial intelligence, 2005: 1306-1311.

[67] Schapire R E, Singer Y. Improved Boosting Algorithms Using Confidence-rated Predictions[J]. Machine Learning, 1999, 37(3):297-336.

[68] Thomas H, Goulette F, Deschaud J, et al. Semantic Classification of 3D Point Clouds with Multiscale Spherical Neighborhoods[C]. International Conference on 3d Vision, 2018: 390-398.

[69] 张继贤,林祥国,梁欣. 点云信息提取研究进展和展望[J].测绘学报, 2017,46(10):1460-1469.

[70] Maturana D, Scherer S. VoxNet: A 3D Convolutional Neural Network for real-time object recognition[C]. Inelligent Robots and Systems, 2015: 922-928.

[71] Su H, Maji S, Kalogerakis E, et al. Multi-view convolutional neural networks for 3D shape recognition[C]. International Conference on Computer Vision, 2015: 945-953.

[72] Qi C R, Su H, Mo K, et al. PointNet: Deep Learning on Point Sets for 3D Classification and Segmentation[J]. IEEE:2017.

[73] Qi C R, Yi L, Su H, et al. PointNet++: Deep Hierarchical Feature Learning on Point Sets in a Metric Space[J]. IEEE:2017.

[74] Wang C, Hou S, Wen C, et al. Semantic line framework-based indoor building modeling using backpacked laser scanning point cloud[J]. ISPRS Journal of Photogrammetry and Remote Sensing, 2018: 150-166.

[75] Zhang L Q, Zhang L. Deep learning-based classification and reconstruction of residential scenes from large-scale point clouds[J]. IEEE Transactions on Geoscience and Remote Sensing, 2018, 56(4): 1887-1897.

[76] Wen C, Sun X, Li J, et al. A deep learning framework for road marking extraction, classification and completion from mobile laser scanning point clouds[J]. ISPRS Journal of Photogrammetry and Remote Sensing, Elsevier B. V., 2019, 147: 178-192.

[77] Oesau S, Lafarge F, Alliez P, et al. Indoor scene reconstruction using feature sensitive primitive extraction and graph-cut[J]. ISPRS Journal of Photogrammetry

and Remote Sensing, 2014: 68-82.

[78] Ochmann S, Vock R, Wessel R, et al. Automatic generation of structural building descriptions from 3D point cloud scans[C]. International Conference on Computer Graphics Theory and Applications, 2014: 120-127.

[79] Ochmann S, Vock R, Wessel R, et al. Automatic reconstruction of parametric building models from indoor point clouds[J]. Computers & Graphics, 2016: 94-103.

[80] Mura C, Mattausch O, Villanueva A J, et al. Automatic room detection and reconstruction in cluttered indoor environments with complex room layouts[J]. Computers & Graphics, 2014: 20-32.

[81] Mura C, Mattausch O, Pajarola R, et al. Piecewise-planar reconstruction of multi-room interiors with arbitrary wall arrangements[J]. Computer Graphics Forum Journal of the European Association for Computer Graphics, 2016, 35(7): 179-188.

[82] Turner E, Cheng P, Zakhor A, et al. Fast, Automated, Scalable Generation of Textured 3D Models of Indoor Environments[J]. IEEE Journal of Selected Topics in Signal Processing, 2015, 9(3): 409-421.

[83] Turner E, Zakhor A. Floor plan generation and room labeling of indoor environments from laser range data[C]. International Conference on Computer Graphics Theory and Applications, 2014: 22-33.

[84] Bobkov D, Kiechle M, Hilsenbeck S, et al. Room segmentation in 3D point clouds using anisotropic potential fields[C]. International Conference on Multimedia and Expo (ICME), 2017:727-732.

[85] Wang R S, Xie L, Chen D. Modeling Indoor Spaces Using Decomposition and Reconstruction of Structural Elements[J]. Photogrammetric Engineering and Remote Sensing, 2017, 83(12): 827-841.

[86] Vilariño, L. D.; Verbree, E.; Zlatanova, S.; Diakité, A. Indoor Modelling from Slam-Based Laser Scanner: Door Detection to Envelope Reconstruction[J]. ISPRS-International Archives of the Photogrammetry, Remote Sensing and Spatial Information Sciences, 2017: 345-352.

[87] Ochmann S, Vock R, Klein R, et al. Automatic reconstruction of fully volumetric 3D building models from oriented point clouds[J]. ISPRS Journal of Photogrammetry and Remote Sensing, 2019: 251-262.

[88] Stichting C, Centrum M, Dongen S V. A Cluster Algorithm for Graphs; CWI: Amsterdam, The Netherlands, 2000:1-40.

[89] Bormann R, Jordan F, Li W, et al. Room segmentation: Survey, implementation, and analysis[C]. International Conference on Robotics and Automation, 2016:

1019-1026.
[90]Li L, Su F, Yang F, et al. Reconstruction of Three Dimensional (3D) Indoor Interiors with Multiple Floors via Comprehensive Segmentation[J]. Remote Sensing, 2018, 10, 1281.
[91]杨必胜,董震. 点云智能研究进展与趋势[J].测绘学报,2019,48(12):1575-1585.
[92]Xiong B, Elberink S J, Vosselman G, et al. A graph edit dictionary for correcting errors in roof topology graphs reconstructed from point clouds[J]. ISPRS Journal of Photogrammetry and Remote Sensing, 2014: 227-242.
[93]Jarząbekrychard M, Borkowski A. 3D building reconstruction from ALS data using unambiguous decomposition into elementary structures[J]. ISPRS Journal of Photogrammetry and Remote Sensing, Elsevier B. V., 2016, 118: 1-12.
[94]Xia S, Wang R. Extraction of residential building instances in suburban areas from mobile LiDAR data[J]. ISPRS Journal of Photogrammetry and Remote Sensing, 2018, 144: 453-468.
[95] Zhang L, Li Z, Li A, et al. Large-scale urban point cloud labeling and reconstruction[J]. ISPRS Journal of Photogrammetry and Remote Sensing, 2018: 86-100.
[96]Yang B, Huang R, Li J, et al. Automated reconstruction of building lods from airborne LiDAR point clouds using an improved morphological scale space[J]. Remote Sensing, 2017, 9(1).
[97]Lafarge F, Mallet C. Creating Large-Scale City Models from 3D-Point Clouds: A Robust Approach with Hybrid Representation[J]. International Journal of Computer Vision, 2012, 99(1): 69-85.
[98] Karantzalos K, Paragios N. Large-Scale Building Reconstruction Through Information Fusion and 3-D Priors[J]. IEEE Transactions on Geoscience and Remote Sensing, 2010, 48(5): 2283-2296.
[99]Khoshelham K, Vilariño L D, Peter M, Kang Z, Acharya D. The ISPRS benchmark on indoor modelling[C]. ISPRS-International Archives of the Photogrammetry, Remote Sensing and Spatial Information Sciences,2017, XLII-2/W7, 367-372.
[100]Ballard D H. Generalizing the hough transform to detect arbitrary shapes[J]. Pattern Recognition, 1987, 13(2): 714-725.
[101]Canny J. A Computational Approach to Edge Detection[J]. IEEE Transactions on Pattern Analysis and Machine Intelligence, 1986, 8(6): 679-698.
[102]Burns J B, Hanson A R, Riseman E M, et al. Extracting Straight Lines[J]. IEEE

Transactions on Pattern Analysis and Machine Intelligence, 1986, 8(4): 180-183.

[103] Matas J, Galambos C, Kittler J, et al. Robust Detection of Lines Using the Progressive Probabilistic Hough Transform [J]. Computer Vision and Image Understanding, 2000, 78(1): 119-137.

[104] Desolneux A, Moisan L, Morel J M. Meaningful Alignments [J]. International Journal of Computer Vision, 2000, 40(1):7-23.

[105] Desolneux A, Moisan L, Morel J M. From Gestalt Theory to Image Analysis[M]. Springer New York, 2008.

[106] Von Gioi R G, Jakubowicz J, Morel J, et al. LSD: A Fast Line Segment Detector with a False Detection Control [J]. IEEE Transactions on Pattern Analysis and Machine Intelligence, 2010, 32(4): 722-732.

[107] Bauchet J, Lafarge F. KIPPI: KInetic Polygonal Partitioning of Images [C]. ComputerVision and Pattern Recognition, 2018: 3146-3154.

[108] Liu C, Wu J, Furukawa Y, et al. FloorNet: A Unified Framework for Floorplan Reconstruction from 3D Scans [C]. European Conference on Computer Vision, 2018: 203-219.

[109] Lin Y, Wang C, Chen B, et al. Facet Segmentation-Based Line Segment Extraction for Large-Scale Point Clouds[J]. IEEE Transactions on Geoscience and Remote Sensing, 2017, 55(9): 4839-4854.

[110] Xia S, Wang R. Façade Separation in Ground-Based LiDAR Point Clouds Based on Edges and Windows [J]. IEEE Journal of Selected Topics in Applied Earth Observations and Remote Sensing, 2019, 12(3): 1041-1052.

[111] Lu X, Liu Y, Li K, et al. Fast 3D Line Segment Detection From Unorganized Point Cloud[J]. arXiv: Computer Vision and Pattern Recognition, 2019.

[112] Jung J, Jwa Y, Sohn G, et al. Implicit Regularization for Reconstructing 3D Building Rooftop Models Using Airborne LiDAR Data[J]. Sensors, 2017, 17(3).

[113] Sui W, Wang L, Fan B, et al. Layer-Wise Floorplan Extraction for Automatic Urban Building Reconstruction [J]. IEEE Transactions on Visualization and Computer Graphics, 2016, 22(3): 1261-1277.

[114] Schnabel R, Wahl R, Klein R, et al. Efficient RANSAC for Point-Cloud Shape Detection[J]. Computer Graphics Forum, 2007, 26(2): 214-226.

[115] Xu B, Jiang W, Shan J, et al. Investigation on the Weighted RANSAC Approaches for Building Roof Plane Segmentation from LiDAR Point Clouds [J]. Remote Sensing, 2016, 8(1): 5.

[116] Chen D, Zhang L, Mathiopoulos P T, et al. A methodology for automated

segmentation and reconstruction of urban 3-d buildings from als point clouds[J]. IEEE Journal of Selected Topics in Applied Earth Observations and Remote Sensing, 2014, 7(10): 4199-4217.

[117] Monszpart A, Mellado N, Brostow G J, et al. RAPter: rebuilding man-made scenes with regular arrangements of planes [C]. International conference on computer graphics and interactive techniques, 2015, 34(4).

[118] Lin Y, Li J, Wang C, et al. Fast Regularity-Constrained Plane Reconstruction[J]. arXiv: Computer Vision and Pattern Recognition, 2019.

[119] Verma V, Kumar R, Hsu S C, et al. 3D Building Detection and Modeling from Aerial LIDAR Data [C]. ComputerVision and Pattern Recognition, 2006: 2213-2220.

[120] Elberink S O, Vosselman G. Quality analysis on 3D building models reconstructed from airborne laser scanning data [J]. ISPRS Journal of Photogrammetry and Remote Sensing, 2011, 66(2):157-165.

[121] Lafarge F, Alliez P. Surface Reconstruction through Point Set Structuring[C]. John Wiley & Sons, Ltd. 2013:225-234.

[122] Boulch A, La Gorce M D, Marlet R, et al. Piecewise-Planar 3D Reconstruction with Edge and Corner Regularization [J]. Symposium on geometry processing, 2014, 33(5): 55-64.

[123] Chauve A, Labatut P, Pons J, et al. Robust piecewise-planar 3D reconstruction and completion from large-scale unstructured point data[C]. ComputerVision and Pattern Recognition, 2010: 1261-1268.

[124] Nan L, Wonka P. PolyFit: Polygonal Surface Reconstruction from Point Clouds [C]. InternationalConference on Computer Vision, 2017: 2372-2380.

[125] Li M, Wonka P, Nan L, et al. Manhattan-World Urban Reconstruction from Point Clouds[C]. EuropeanConference on Computer Vision, 2016: 54-69.

[126] Xiao J, Furukawa Y. Reconstructing the World's Museums [J]. International Journal of Computer Vision, 2014, 110(3): 243-258.

[127] Zheng Y, Peter M, Zhong R, et al. Space subdivision in indoor mobile laser scanning point clouds based on scanline analysis[J]. Sensors, 2018, 18(6).

[128] Cui Y, Li Q, Dong Z. Structural 3D Reconstruction of Indoor Space for 5G Signal Simulation with Mobile Laser Scanning Point Clouds[J]. Remote Sensing, 2019, 11(19): 2262.

[129] Liu X, Zhang Y, Ling X, et al. TopoLAP: Topology Recovery for Building Reconstruction by Deducing the Relationships between Linear and Planar Primitives

[J]. Remote Sensing, 2019, 11(11).
[130] Diakité A, Zlatanova S. Valid space description in BIM for 3D indoor navigation [J]. International Journal of 3-D Information Modeling: An official publication of the Information Resources Management Association, 2016, 5(3): 1-17.
[131] Xiong Q, Zhu Q, Du Z Q, et al. A Dynamic Indoor Field Model for Emergency Evacuation Simulation[J]. ISPRS International Journal of Geo-Information, 2017, 6(4):104.
[132] Tang D, Kim J. Simulation support for sustainable design of buildings. In: Proc. of CTBUH Conference, 2004,1013:208-213.
[133] Boguslawski P, Mahdjoubi L, Zverovich V E, et al. Two-graph building interior representation for emergency response applications [C]. ISPRS International Archives of the Photogrammetry, Remote Sensing and Spatial Information Sciences, 2016, III-2, 9-14.
[134] 张萌萌,付瑞锋,郭瑞龙. 室内三维模型在 VR 中的应用[J].测绘计算装备, 2019,2(20).
[135] 王诚斌. 基于深度学习的三维室内场景建模方法研究[D].大连:大连理工大学,2019.
[136] 刘先林. 为社会进步服务的测绘高新技术[J].测绘科学,2019,44(06):1-15.
[137] 黄荣刚. 机载激光扫描点云中目标稳健提取与多细节层次表达[D].武汉:武汉大学, 2017.
[138] 李根. 基于深度学习的激光扫描 SLAM 三维点云质量评价[D].厦门:厦门大学, 2018.
[139] Shah S A, Bennamoun M, Boussaid F, et al. Keypoints-based surface representation for 3D modeling and 3D object recognition[J]. Pattern Recognition, 2017: 29-38.
[140] Dong Z, Yang B, Hu P, et al. An efficient global energy optimization approach for robust 3D plane segmentation of point clouds[J]. ISPRS Journal of Photogrammetry and Remote Sensing, 2018: 112-133.
[141] Suzuki S, Abe K. Topological Structural Analysis of Digitized Binary Images by Border Following[J]. Graphical Models Vgraphical Models and Image Processing computer Vision, Graphics, and Image Processing, 1985, 30(1): 32-46.
[142] OpenCV. Available online: https://opencv. org/ (accessed on 2 April 2019).
[143] Kolmogorov V, Zabih R. What energy functions can be minimized via graph cuts? [J]. IEEE Transactions on Pattern Analysis and Machine Intelligence, 2004, 26(2): 147-159.

[144] Boykov Y, Kolmogorov V. An experimental comparison of min-cut/max- flow algorithms for energy minimization in vision[J]. IEEE Transactions on Pattern Analysis and Machine Intelligence, 2004, 26(9): 1124-1137.

[145] Khoshelham K, Tran H, Diazvilarino L, et al. An evaluation framework for benchmarking indoor modeling methods[J]. ISPRS-International Archives of the Photogrammetry, Remote Sensing and Spatial Information Sciences, 2018: 297-302.

[146] Jaewook J, Yoonseok J, Sohn G. Implicit Regularization for Reconstructing 3D Building Rooftop Models Using Airborne LiDAR Data[J]. Sensors, 2017, 17(3):621.

[147] Ambrus R, Claici S, Wendt A. Automatic Room Segmentation from Unstructured 3-D Data of Indoor Environments[J]. IEEE Robotics & Automation Letters, 2017, 2(2):749-756.

[148] 黄丽. 面向移动机器人视觉导航的三维环境重建技术研究[D].杭州:浙江理工大学, 2017.

[149] 孙相宇. 基于 SLAM 技术的移动机器人室内环境下可穿越性研究[D].哈尔滨:哈尔滨工程大学,2019.

[150] 赵天阳. 融合惯性与视觉的多传感器空间位姿计算方法的研究[D].重庆:重庆大学, 2017.

[151] Kummerle R, Grisetti G, Strasdat H, et al. G 2 o: A general framework for graph optimization[C]. International Conference on Robotics and Automation, 2011: 3607-3613.

[152] 林连秀. 融合 IMU 的移动机器人 SLAM 系统研究与实现[D].福州:福州大学,2017.

[153] Chew L P. Constrained delaunay triangulations[J]. Algorithmica, 1989, 4(1): 97-108.

[154] Budroni A, Boehm J. Automated 3D Reconstruction of Interiors from Point Clouds [J]. International Journal of Architectural Computing, 2010, 8(1): 55-73.

[155] Adan A, Huber D. 3D Reconstruction of Interior Wall Surfaces under Occlusion and Clutter [C]. International Conference on 3d Imaging. IEEE Computer Society, 2011.

[156] Xiong X, Adan A, Akinci B, et al. Automatic Creation of Semantically Rich 3D Building Models from Laser Scanner Data[J]. Automation in Construction, 2013: 325-337.

[157] Previtali M, Barazzetti L, Brumana R, et al. Towards automatic indoor

reconstruction of cluttered building rooms from point clouds[J]. ISPRS Annals of the Photogrammetry, Remote Sensing and Spatial Information Sciences, 2014: 281-288.

[158]Murali S, Speciale P, Oswald M R, et al. Indoor Scan2BIM: Building information models of house interiors[C].Intelligent Robots and Systems, 2017: 6126-6133.

[159]Macher H, Landes T, Grussenmeyer P, et al. From Point Clouds to Building Information Models: 3D Semi-Automatic Reconstruction of Indoors of Existing Buildings[J]. Applied Sciences, 2017, 7(10).

[160]许拓.28GHz 毫米波在室内电波传播特性及建模[D].武汉:武汉理工大学, 2018.

[161]杨光,陈锦浩.5G 移动通信系统的传播模型研究[J].移动通信, 2018, 42(10): 28-33.

[162]江巧捷,林衡华,岳胜.5G 传播模型分析[J].移动通信, 2018, 42(10): 19-23.

[163] 3GPP, TR 38.901 (V14.0.0 Release 14), "5G; Study on channel model for frequencies from 0.5 to 100 GHz," European Telecommunications Standards Institute (ETSI) TR 138 901 V14.0.0 (2017-05).

[164]阮颖铮. 电磁射线理论基础[M].成都:成都电讯工程学院出版社,1989.

[165] Kuang, S. Geodetic Network Analysis and Optimal Design[M]. Concepts and Applications, 1st ed.; Ann Arbor Press: London, UK, 1996.

[166] Fraser, C. S. Network design considerations for non-topographic photogrammetry [J]. Photogrammetric engineering & remote sensing, 1984, 50(8):1115-1126.

[167]Jia F, Lichti D D. A Model-Based Design System for Terrestrial Laser Scanning Networks in Complex Sites[J]. Remote Sensing, 2019, 11(15).

[168]Jia F, Lichti D D. A comparison of simulated annealing, genetic algorithm and particle swarm optimization in optimal first-order design of indoor tls networks[J]. ISPRS Annals of the Photogrammetry, Remote Sensing and Spatial Information Sciences, 2017: 75-82.

[169]涂伟. 基于 Voronoi 图的大规模物流车辆路径优化方法研究[D].武汉:武汉大学,2013.

[170]王岩冰,郑明春,刘弘. 回溯算法的形式模型[J].计算机研究与发展,2001(09):1066-1079.

[171] Frias E, Diazvilarino L, Balado J, et al. From BIM to Scan Planning and Optimization for Construction Control[J]. Remote Sensing, 2019, 11(17).

[172]温文波, 杜维. 蚁群算法概述[J]. 石油化工自动化, 2002(1):19-22.

[173]Berne J L, Baselga S. First-order design of geodetic networks using the simulated

annealing method[J]. Journal of Geodesy, 2004, 78(1): 47-54.
[174] Saleh H A, Chelouah R. The design of the global navigation satellite system surveying networks using genetic algorithms [J]. Engineering Applications of Artificial Intelligence, 2004, 17(1):111-122.
[175] Doma M I, Sedeek A A. Comparison of PSO, GAs and Analytical Techniques in Second-Order Design of Deformation Monitoring Networks[J]. Journal of Applied Geodesy, 2014, 8(1): 21-30.
[176] 刘晓辉. 基于格雷码与相移结合的双目立体视觉测量研究[D].厦门:华侨大学, 2011.